温公家范
译注

［宋］司马光　著

郭海鹰　译注

上海古籍出版社

"十三五"国家重点图书出版规划项目

上海市促进文化创意产业发展财政扶持资金资助项目

目录

「中华家训导读译注丛书」出版缘起／刘海滨　　　1

导读　　　1

卷一　引言　治家　　　1

卷二　祖　　　49

卷三　父　母　　　65

卷四　子上　　　131

卷五　子下　　　179

卷六　女　孙　伯叔父　侄　　　221

卷七　兄弟　姑姊　夫　　　255

卷八　妻上　　　315

卷九　妻下　　　341

卷十　舅甥　舅姑　妇　妾　乳母　　　369

"中华家训导读译注丛书"出版缘起

一、家训与传统文化

中国传统文化的复兴已然是大势所趋，无可阻挡。而真正的文化振兴，随着发展的深入，必然是由表及里，逐渐贴近文化的实质，即回到实践中，在现实生活中发挥作用，影响和改变个人的生活观念、生命状态，乃至改变社会生态，而不是仅仅停留在学院中的纸上谈兵，或是媒体上的自我作秀。这也已然为近年的发展进程所证实。

文化的传承，通常是在精英和民众两个层面上进行，前者通过经典研学和师弟传习而薪火相传，后者沉淀为社会价值观念、化为乡风民俗而代代相承。这两个层面是如何发生联系的，上层是如何向下层渗透的呢? 中华文化悠久的家训传统，无疑在其中起到了重要作用。士子学人

（文化精英）将经典的基本精神、个人习得的实践经验转化为家训家规教育家族子弟，而其中有些家训，由于家族的兴旺发达和名人代出，具有很好的示范效应，而得以向外传播，飞入寻常百姓家，进而为人们代代传诵，其本身也具有经典的意味了。由本丛书原著者一长串响亮的名字可以看到，这些著作者本身是文化精英的代表人物，这使得家训一方面融入了经典的精神，一方面为了使年幼或文化根基不厚的子弟能够理解，并在日常生活中实行，家训通常将经典的语言转化为日常话语，也更注重实践的方便易行。从这个意义上说，家训是经典的通俗版本，换言之，家训是我们重新亲近经典的桥梁。

对于从小接受现代教育（某种模式的西式教育）的国人，经典通常显得艰深和难以接近（其中的原因，下文再作分析），而从家训入手，就亲切得多。家训不仅理论话语较少，更通俗易懂，还常结合身边的或历史上的事例启发劝导子弟，特别注重从培养良好的生活礼仪习惯做起，从身边的小事做起，这使得传统文化注重实践的本质凸显出来（当然经典也是在在处处都强调实践的，只是现代教育模式使得经典的实践本质很容易被遮蔽）。因此，现代人学习传统文化，从家训入手，不失为一个可靠而方便的途径。

此外，很多人学习家训，或者让孩子读诵家训，是为了教育下一代，这是家训学习更直接的目的。年青一代的父母，越来越认识到家庭教育的重要性，并且在当前的语境中，从传统文化为内容的家庭教育可以在很大程度上弥补学校教育的缺陷。这个问题由来已久，自从传统教育让位于西式学校教育（这个转变距今大约已有一百年）以来，很多有识之士认识到，以培养完满人格为目的、德育为核心的传统教育，被以知识技能教育为主的学校教育取代，因而不但在教育领域产生了诸多问题，并且是很多社会问题的根源。在呼吁改革学校教育的同时，很多文化精英选择了加强家庭教育来做弥补，比如被称为"史上最强老爸"的梁启超自己开展以传统德育为主的家庭教育配合西式学校，成就了"一门三院士，九子皆才俊"的佳话（可参阅上海古籍出版社《我们今天怎样做父亲：梁启超谈家庭教育》）。

本丛书即是基于以上两个需求，为有志于亲近经典和传统文化的人，为有意尝试以传统文化为内容的家庭教育、希望与儿女共同学习成长的朋友量身定做的。丛书精选了历史上最有代表性的家训著作，希望为他们提供切合实用的引导和帮助。

二、读古书的障碍

现代人读古书，概括说来，其难点有二：首先是由于文言文接触太少，不熟悉繁体字等原因，造成语言文字方面的障碍。不过通过查字典、借助注释等办法，这个困难还是相对容易解决的。更大的障碍来自第二个难点，即由于文化的断层，教育目标、教育方式的重大转变，使得现代人对于古典教育、对于传统文化产生了根本性的隔阂，这种隔阂会反过来导致对语词的理解偏差或意义遮蔽。

试举一例。《论语》开篇第一章：

子曰："学而时习之，不亦说（"说"，通"悦"）乎？有朋自远方来，不亦乐乎？人不知而不愠，不亦君子乎？"

字面意思很简单，翻译也不困难。但是，如何理解句子的真实含义，对于现代人却是一个考验。比如第一句，"学而时习之"，很容易想当然地把这里的"学"等同于现代教育的"学习知识"，那么"习"就成了"复习功课"的意思，全句就理解为学习了新知识、新课程，要经常复习它——一直到现在，中小学在教这篇课文时，基本还是这么解释的。但是这里有个疑问：我们每天复习功课，真的会很快乐吗？

对古典教育和传统文化有所理解的人，很容易看到，这里发生了根本性的理解偏差。古人学习的目的跟现代教育不一样，其根本目的是培养一个人的德行，成就一个人格完满、生命充盈的人，所以《论语》通篇都在讲"学"，却主要不是传授知识，而是在讲做人的道理、成就君子的方法。学习了这些道理和方法，不是为了记忆和考试，而是为了在生活实践中去运用、在运用时去体验，体验到了、内化为生命的一部分才是真正的获得，真正的"得"即生命的充盈，这样才能开显出智慧，才能在生活中运用无穷（所以孟子说：学贵"自得"，自得才能"居之安""资之深"，才能"取之左右逢其源"）。如此这般的"学习"，即是走出一条提升道德和生命境界的道路，到达一定生命境界高度的人就称之为君子、圣贤。养成这样的生命境界，是一切学问和事业的根本（因此《大学》说

"自天子以至于庶人，壹是皆以修身为本"），这样的修身之学也就是中国文化的根本。

所以，"学而时习之"的"习"，是实践、实习的意思，这句话是说，通过跟从老师或读经典，懂得了做人的道理、成为君子的方法，就要在生活实践中不断（时时）运用和体会，这样不断地实践就会使生命逐渐充实，由于生命的充实，自然会由内心生发喜悦，这种喜悦是生命本身产生的，不是外部给予的，因此说"不亦说乎"。

接下来，"有朋自远方来，不亦乐乎"，是指志同道合的朋友在一起共学，互相交流切磋，生命的喜悦会因生命间的互动和感应，得到加强并洋溢于外，称之为"乐"。

如果明白了学习是为了完满生命、自我成长，那么自然就明白了为什么会"人不知而不愠"。因为学习并不是为了获得好成绩、找到好工作，或者得到别人的夸奖；由生命本身生发的快乐既然不是外部给予的，当然也是别人夺不走的，那么别人不理解你、不知道你，不会影响到你的快乐，自然也就不会感到郁闷（"人不知而不愠"）了。

以上的这种理解并非新创。从南朝皇侃的《论语义疏》到宋朱熹的《论语集注》（朱熹《集注》一直到清朝都是最权威和最流行的注本），这种解释一直占主流地位。那么问题来了，为什么当代那么多专家学者对此视而不见呢？程树德曾一语道破："今人以求知识为学，古人则以修身为学。"（见程先生撰于1940年代的《论语集释》）之所以很多人会误解这三句话，是由于对古典教育、传统文化的根本宗旨不了解，或者不认同，导致在理解和解释的时候先入为主，自觉或不自觉地用了现代观念去"曲解"古人。因此，若使经典和传统文化在今天重新发挥作用，首先需要站在古人的角度理解经典本身的主旨，为此，在诠释经典时，就需要在经典本身的义理与现代观念之间，有一个对照的意识，站在读者的角度考虑哪些地方容易产生上述的理解偏差，有针对性地作出解释和引导。

三、家训怎么读

基于以上认识，本丛书尝试从以下几个方面加以引导。首先，在每种书前冠以导读，对作者和成书背景做概括介绍，重点说明如何以实践为中心读这本书。

再者，在注释和白话翻译时尽量站在读者的立场，思考可能发生的遮蔽和误解，加以解释和引导。

第三，本丛书在形式上有一个新颖之处，即在每个段落或章节下增设"实践要点"环节，它的作用有三：一是说明段落或章节的主旨。尽量避免读者仅作知识性的理解，引导读者往生活实践方面体会和领悟。

二是进一步扫除遮蔽和误解，防止偏差。观念上的遮蔽和误解，往往先入为主比较顽固，仅仅靠"简注"和"译文"还是容易被忽略，或许读者因此又产生了新的疑惑，需要进一步解释和消除。比如，对于家训中的主要内容——忠孝——现代人往往从"权利平等"的角度出发，想当然地认为提倡忠孝就是等级压迫。从经典的本义来说，忠、孝在各自的语境中都包含一对关系，即君臣关系（可以涵盖上下级关系），父子关系；并且对关系的双方都有要求，孔子说"君君、臣臣，父父、子子"，是说君要有君的样子，臣要有臣的样子，父要有父的样子，子要有子的样子，对双方都有要求，而不是仅仅对臣和子有要求。更重要的是，这个要求是"反求诸己"的，就是各自要求自己，而不是要求对方，比如做君主的应该时时反观内省是不是做到了仁（爱民），做大臣的反观内省是不是做到了忠；做父亲的反观内省是不是做到了慈，做儿子的反观内省是不是做到了孝。（《礼记·礼运》："何谓人义？父慈、子孝，兄良、弟悌，夫义、妇听，长惠、幼顺，君仁、臣忠。"）如果只是要求对方做到，自己却不做，就完全背离了本义。如果我们不了解"一对关系"和"自我要求"这两点，就会发生误解。

再比如古人讲"夫妇有别"，现代人很容易理解成男女不平等。这里的"别"，是从男女的生理、心理差别出发，进而在社会分工和责任承担方面有所区别。不是从权利的角度说，更不是人格的不平等。古人以乾坤二卦象征男女，乾卦的特质是刚健有为，坤卦的特征是宁顺贞静，乾德主动，坤德顺乾德而动；二者又是互补的关系，乾坤和谐，天地交感，才能生成万物。对应到夫妇关系上，做丈夫需要有担当精神，把握方向，但须动之以义，做出符合正义、顺应道理的选择，这样妻子才能顺之而动（"夫义妇听"），如果丈夫行为不合正义，怎能要求妻子盲目顺从呢？同时，坤德不仅仅是柔顺，还有"直方"的特点（《易经·坤·象》："六二之动，直以方也"），做妻子也有正直端方、勇于承担的一面。在传统家庭中，如果丈夫比较昏暗懦弱，妻子或母亲往往默默支撑起整个家庭。总之，夫妇有别，也需要把握住"一对关系"和"自我要求"两个要点来理解。

除了以上所说首先需要理解经典的本义，把握传统文化的根本精神，同时也需要看到，经典和文化的本义在具体的历史环境中可能发生偏离甚至扭曲。当一种文化或价值观转化为社会规范或民俗习惯，如果这期间缺少文化精英的引领和示范作用，社会规范和道德话语权很容易被权力所掌控，这时往往表现为，在一对关系中，强势的一方对自己缺少约束，而是单方面要求另一方，这时就背离了经典和文化本义，相应的历史阶段就进入了文化衰敝期。比如在清末，文化精神衰落，礼教丧失了其内在的精神（孔子的感叹"礼云礼云，玉帛云乎哉？乐云乐云，钟鼓云乎哉？"就是强调礼乐有其内在的精神，这个才是根本），成为了僵化和束缚人性的东西。五四时期的很大一部分人正是看到这种情况（比如鲁迅说"吃人的礼教"），而站到了批判传统的立场上。要知道，五四所批判的现象正是传统文化精神衰敝的结果，而非传统文化精神的正常表现；当代人如果不了解这一点，只是沿袭前代人一些有具体语境的话语，其结果必然是道听途说、以讹传讹。而我们现在要做的，首先是正本清源，了解经典的本义和文化的基本精神，在此基础上学习和运用其实践方法。

三是提示家训中的道理和方法如何在现代生活实践中应用。其中关键的地方是，由于古今社会条件发生了变化，如何在现代生活中保持家训的精神和原则，而在具体运用时加以调适。一个突出的例子是女子的自我修养，即所谓"女德"，随着一些有争议的社会事件的出现，现在这个词有点被污名化了。前面讲到，传统的道德讲究"反求诸己"，女德本来也是女子对道德修养的自我要求，并且与男子一方的自我要求（不妨称为"男德"）相配合，而不应是社会（或男方）强加给女子的束缚。在家训的解读时，首先需要依据上述经典和文化本义，对内容加以分析，如果家训本身存在僵化和偏差，应该予以辨明。其次随着社会环境的变化，具体实践的方式方法也会发生变化。比如现代女子走出家庭，大多数女性与男性一样承担社会职业，那么再完全照搬原来针对限于家庭角色的女子设置的条目，就不太适用了。具体如何调适，涉及具体内容时会有相应的解说和建议，但基本原则与"男德"是一样的，即把握"女德"和"女礼"的精神，调适德的运用和礼的条目。此即古人一面说"天不变道亦不变"（董仲舒），一面说礼应该随时"损益"（见《论语·为政》）的意思。当然，如何调适的问题比较重大，"实践要点"中也只能提出编注者的个人意见，或者提供一个思路供读者参考。

综上所述，丛书的全部体例设置都围绕"实践"，有总括介绍、有具体分析，反复致意，不厌其详，其目的端在于针对根深蒂固的"现代习惯"，不断提醒，回到经典的本义和中华文化的根本。基于此，丛书的编写或可看做是文化复兴过程中，返本开新的一个具体实验。

四、因缘时节

"人能弘道，非道弘人。"当此文化复兴由表及里之际，急需勇于担当、解行相应的仁人志士；传统文化的普及传播，更是迫切需要一批深入经典、有真实体验又肯踏实做基础工作的人。丛书的启动，需要找到符合上述条件的编撰者，我深知实非易事。首先想到的是陈椰博士，陈博士生长于宗族祠堂多有保留、古风犹存的潮汕地区，对明清儒学深入民间、淳化乡里的效验有亲切的体会；令我喜出望外的是，陈博士不但立即答应选编一本《王阳明家训》，还推荐了好几位同道。通过随后成立的这个写作团队，我了解到在中山大学哲学博士（在读的和已毕业的）中间，有一拨有志于传统修身之学的朋友，我想，这和中山大学的学习氛围有关——五六年前，当时独学而少友的我惊喜地发现，中大有几位深入修身之学的前辈老师已默默耕耘多年，这在全国高校中是少见的，没想到这么快就有一批年轻的学人成长起来了。

郭海鹰博士负责搜集了家训名著名篇的全部书目，我与陈、郭等博士一起商量编选办法，决定以三种形式组成"中华家训导读译注丛书"：一、历史上已有成书的家训名著，如《颜氏家训》《温公家范》；二、在前人原有成书的基础上增补而成为更完善的版本，如《曾国藩家训》《吕留良家训》；三、新编家训，择取有重大影响的名家大儒家训类文章选编成书，如《王阳明家训》《王心斋家训》；四、历史上著名的单篇家训另外汇编成一册，名为《历代家训名篇》。考虑到丛书选目中有两种女德方面的名著，特别邀请了广州城市职业学院教授、国学院院长宋婕老师加盟，宋老师同样是中山大学哲学博士出身，学养深厚且长期从事传统文化的教育和弘扬。在丛书编撰的中期，又有从商界急流勇退、投身民间国学教育多年的邵逝夫先生，精研明清家训家风和浙西地方文化的张天杰博士的加盟，张博士及其友朋团队不仅补了《曾国藩家训》的缺，还带来了另外四种明清家训；至此丛书全部12册的内容和编撰者全部落实。丛书不仅顺利获得上海古籍出版社的选题立项，且有幸列入"十三五"国家重点图书出版规划增补项目，并获上海市促进文化创意产业发展财政扶持资金（成果资助类项目—新闻出版）资助。

由于全体编撰者的和合发心，感召到诸多师友的鼎力相助，获致多方善缘的积极促成，"中华家训导读译注丛书"得以顺利出版。

这套丛书只是我们顺应历史要求的一点尝试，编写团队勉力为之，但因为自身修养和能力所限，丛书能够在多大程度上实现当初的设想，于我心有惴惴焉。目前能做到的，只是自尽其心，把编撰和出版当做是自我学习的机会，一面希冀这套书给读者朋友提供一点帮助，能够使更多的人亲近传统文化，一面祈愿借助这个平台，与更多的同道建立联系，切磋交流，为更符合时代要求的贤才和著作的出现，做一颗铺路石。

刘海滨

2019 年 8 月 30 日，己亥年八月初一

导　读

　　司马光，北宋政治家、史学家、文学家，字君实，号迂叟，世称涑水先生。宋仁宗宝元元年进士及第，官至龙图阁直学士。宋神宗的时候，因为反对王安石变法，离开朝廷十五年，主持编纂了编年体通史《资治通鉴》。元祐元年去世，追赠太师、温国公，谥号文正。司马光生平著作甚多，主要有《温国文正司马公文集》《稽古录》《涑水记闻》《潜虚》等。今天要向大家介绍的这本《温公家范》，是司马光所编写的一本家训名著，作为治家的参考典范。

　　根据《宋史·司马光列传》记载：

　　　光孝友忠信，恭俭正直，居处有法，动作有礼。在洛时，每往夏县展墓，必过其兄旦，旦年将八十，奉之如严父，保之如婴儿。自少至老，语未尝妄，自言："吾无过人者，但平生所为，未尝有不可对人言者耳。"诚心自然，天下敬信，陕、洛间皆化其德，有不善，曰："君实得无知之乎？"光于物淡然无所好，于学无所不通，惟不喜释、老，曰："其微言不能出吾书，其诞吾不信也。"洛中有田三顷，丧妻，卖田以葬，恶衣菲食以终其身。

从这里看到司马光为人孝友忠信，恭俭正直，闲居的时候有法度，做事情也符合礼节。他对待自己兄长就像对待自己父亲一样尊重他，也会像呵护婴儿一样保护他。从小到老，从来不妄言，始终保持一颗诚挚自然的心。司马光一生的人格得到当时人们的敬重，正是他一如既往对自己严格要求的结果。有他自身的垂范，他在《家范》中也对家族各成员特别是子孙辈提出了各方面的要求，并自觉将礼治、德教的思想融入家庭教育中。

司马光用"家范"进行命名，他的本意是要让这本书成为教家治家的典范、楷模。从《温公家范》的内容构成来看，有以下两个特点：第一，司马光节录了许多儒家经典，包括《周易》《论语》《孟子》《孝经》等内容，宣扬儒家主张的"圣人正家以正天下"的治家、修身理念；第二，司马光采辑了大量历史人物的典型事例，把历史上发生的各种故事作为家庭教育生动的案例基础，让学习者有学习的榜样和方向，能找到如何在家庭中做一个有德行的人的方法。

《家范》引言部分，首先引用《周易》《大学》《孝经》中的论述，主要是说明他撰写此书的目的是要管理家庭，而齐家是治国、平天下的开端与基础。在引言部分之后，司马光又列了"治家""祖""父""母""子""女""孙""伯叔父""侄""兄""弟""姑姊""夫""妻""舅甥""舅姑""妇""妾""乳母"，共10卷，计19篇。这本书可以说是当时一本系统总结家庭伦理关系的书籍，对当时政治伦理生活产生了重要的影响。

（一）　重视亲亲之情

儒家立论的基础便是世间最普遍、最普通的情感，在《卷三·父》中一开始，他就引用《论语·季氏》篇中的内容：

> 陈亢问于伯鱼曰："子亦有异闻乎？"对曰："未也。尝独立，鲤趋而过庭。曰：'学诗乎？'对曰：'未也。''不学诗，无以言。'鲤退而学诗。他日又独立，鲤趋而过庭。曰：'学礼乎？'对曰：'未也。''不学礼，无以立。'鲤退而学礼。闻斯二者。"陈亢退而喜曰："问一得三，闻诗，闻礼，又闻君子之远其子也。"

孔子在这里讲了两个教育的主题，一个是礼仪，另一个是诗歌。礼仪部分我们下文再讲，这里讲诗歌。《诗经》是中国古代第一本诗歌总集，孔子当时的《诗经》并不像我们今天见到的只有文字的描述，它们实际上如同我们今天的歌曲一样是可以歌唱的。孔子告诉伯鱼"不学诗，无以言"，所以学习《诗经》实际上是为了能够恰如其分地表达自己的情感。"说话"是一种言辞，当然涉及表达时语辞的拿捏。因为说话涉及不同的言说对象，语辞的准确拿捏意味着你所有的表达都是针对言说对象来进行的，这样就不会说"错"话。人与人之间相处的关键在于沟通，沟通最主要的方式就是说话。言辞是外显看得见的东西，情感是内在看不见的东西，要让这两者恰如其分地发生关联，是需要在现实生活中不断重复训练的。言辞恰如其分的表达不是我们生下来就会的，它需要后天的操练。最基础性的情感表达当然是孝弟，首先是孝，比如司马光在《卷四·子上》中援引曾子和他的儿子曾元的故事：

> 孟子曰："曾子养曾晳，必有酒肉；将彻，必请所与。问有余，必曰：'有。'曾晳死，曾元养曾子，必有酒肉。将彻，不请所与，问有余，曰：'亡矣。'将以复进也。此所谓养口体者也。若曾子，则可谓养志也。事亲若曾子者，可也。"

其实，曾元已经是大孝之人，可是孟子认为他还未至孝，因为他不能完全顺从父亲的"志"，而这种不顺从是从"对话"或"说话"中表现出来的。

在情感教育中，司马光很赞同曾子的观点：

> 曾子曰："君子之于子，爱之而勿面，使之而勿貌，遵之以道而勿

强言；心虽爱之不形于外，常以严庄莅之，不以辞色悦之也。不遵之以道，是弃之也。然强之，或伤恩，故以日月渐摩之也。"

儒家的教育重视身教，这是要求父母必须做好子女的榜样。儒家不是野蛮地要求子女对父母的绝对顺从，而是要求父母必须成为子女在德性生命成长过程中的导师。曾子的智慧，既保持家长的威严，又能慈爱子女们，关键还能让子女们对自己的教导感觉到快乐。曾子强调家长的教育不能"强迫"，这是"伤恩"，伤害家长与子女之间的感情，教育需要循序渐进地引导。

（二） 重视礼仪教育

礼仪可以说是整本《温公家范》中从头到尾贯彻的内容，父子、夫妇、兄弟之间如何相处，处处充满礼仪，这是一种家庭空间的礼仪化。在引言一开始，他就引用《孝经》里面的内容：

《孝经》曰：闺门之内具礼矣乎！严父，严兄。妻子臣妾，犹百姓徒役也。

又在第一卷中援引春秋名臣晏婴的名言：

齐晏婴曰："君令臣共、父慈子孝、兄爱弟敬、夫和妻柔、姑慈妇听，礼也。君令而不违，臣共而不二，父慈而教，子孝而箴，兄爱而友，弟敬而顺，夫和而义，妻柔而正，姑慈而从，妇听而婉，礼之善物也。"

司马光把家庭中各种关系结构概括为一个"礼"字。礼仪是指人们在社会交往过程中由于受历史传统、风俗习惯、宗教信仰、时代潮流等因素的影响而形成的为人们所认同和遵守的各种行为准则和规范的总和。古代中国人将伦理生活的秩序感视为美好生活的核心构成，因为他们观感到整个天地万物的运行本身就是一个和谐的系统——各种事物各有层次，又秩序井然。所谓"礼者，天地之序也"，"天地之序"就是指天地之间基本的秩序结构，相应地，整个人类社会也有与之对应的基本秩序，这个基本秩序是建立在人伦关系的基础上。秩序的起点始于家庭。

治理家庭最好的办法是通过礼仪，规范家庭成员之间的关系与行为，使之符合一个礼仪化的家庭空间。礼是有内容和形式的，如果只看形式，则往往会僵化，我们应当秉持一种抽象继承、同情理解的态度，透过形式去看这些经典背后所隐藏的良苦用心、精神力量，而遇到那些已不适应时代需求的内容，我们应该摒弃，而去继承背后的精神。

在《卷八·妻上》中就有几个故事，讲妇女因为要守住自己清名而自残，或者为了守住作为形式的礼仪而致自己于险地，这就是一种形式主义，应当予以批判。"人而不仁如礼何，人而不仁如乐何？"没有内容、没有情感作为行动力支撑，礼如何能够真正在人心中扎根？

（三） 重视角色教育

西方著名儿童教育心理学家皮亚杰有"儿童认知理论"，认为儿童在成长的过程中其认知建构所侧重调动的能力不同，从对图形的形象认知到算式思维再到理性的思考。其实，我们中国的儿童教育中也有这样的理论，在《卷三·父母》中，司马光援引《礼记·内则》中的内容：

> 子能食食，教以右手。能言，男唯女俞。男鞶革，女鞶丝。六年，教之数与方名；七年，男女不同席，不共食；八年，出入门户及即席饮食，必后长者，始教之让；九年，教之数日。十年，出就外傅，居宿于外，学书计。十有三年，学乐、诵诗、舞勺。成童，舞象、学射御。

在这里我们看到，《内则》对儿童不同阶段所应当学习的内容实际上已经有所规划、设计，这是古人通过教育经验所得到的教育课程设计。其二，这一套教学课程并不是针对所有儿童，而是男女有所区分。因为它并不是像皮亚杰一样，研究的是儿童建构知识的先天结构，而不去具体研究其所学内容。相反，它重视内容和知识的实用性。这种知识的内容是根据在家庭生活中的不同分工和角色期许所设计的，因此在男女之间从小就有不同的教育方向。其目的就在于帮助男子在今后的生活中成长为一个合格的儿子、丈夫、父亲，而女子则成长为一个合格的女儿、妻子、母亲。

（四）　重视德性教育

重视德性教育是司马光家范中的核心教育内容。他反复劝诫为人家长者，要高度重视子弟家人的品德教育，以身作则，以良好的品行去影响后代。他在《卷二·祖》中说：

> 为人祖者，莫不思利其后世。然果能利之者，鲜矣。何以言之？今之为后世谋者，不过广营生计以遗之。田畴连阡陌，邸肆跨坊曲，粟麦盈囷仓，金帛充箧笥，慊慊然求之犹未足，施施然自以为子子孙孙累世用之莫能尽也。然不知以义方训其子，以礼法齐其家。自于数十年中勤身苦体以聚之，而子孙于时岁之间奢靡游荡以散之，反笑其祖考之愚，不知自娱，又怨其吝啬，无恩于我，而厉虐之也。始则欺绐攘窃，以充其欲；不足，则立券举债于人，俟其死而偿之。观其意，惟患其考之寿也。甚者至于有疾不疗，阴行鸩毒，亦有之矣。然则向之所以利后世者，适足以长子孙之恶而为身祸也。

每个为人长辈的都想为后世留下一点遗产，但是，司马光认为留下土地、房舍、粮食、金帛这些物质东西，并不能真正使得儿子有福报，能够守得住，因此更重要的应该是"以义方训其子，以礼法齐其家"。他举了一位曾做过大官的士大夫只知省吃俭用为子孙积累财富而不知以德教子，最终被争夺财产的子孙气死的典型例子，司马光评论说："使其子孙果贤耶，岂蔬粝布褐不能自营，至死于道路乎？若其不贤耶，虽积玉满堂，奚益哉？多藏以遗子孙，吾见其愚之甚也。"进而，在留给后辈品德与财产孰轻孰重问题上，他极力主张像古代圣贤那样："圣人遗子孙以德以礼，贤人遗子孙以廉以俭。"

综上而论，《温公家范》中司马光编列了很多故事，也有各种儒家经典理论作为支撑，但我们去理解《家范》中如此浩繁的内容，要同情地理解古人，抓住其中情感、德性、礼仪诸关键词，透过各种故事去体味其中的真精神。

《温公家范译注》以四库全书本为底本，并参考了一些已出整理本。全书分为"原文""今译""简注""实践要点"四部分，其中原文与今译这两部分是固定的，而简注与实践要点则根据实际情况撰写。译文力求通畅达意，故有一些意译部分；注释力求简洁，遇有用典地方，则将之注出；实践要点结合今天的社会发展与时代精神，对原文所讲的内容进行延伸，以期对读者理解与运用《温公家范》中的教育实践内容有所帮助。

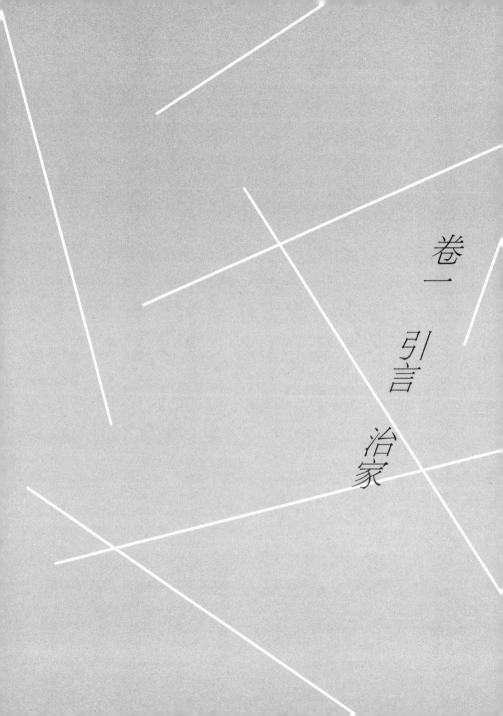

卷一

引言

治家

引 言^①

【1】《周易》："家人：利女贞。

彖曰：家人，女正位乎内，男正位乎外，男女正，天地之大义也。家人有严君焉，父母之谓也。父父，子子，兄兄，弟弟，夫夫，妇妇，而家道正。正家而天下定矣。

象曰：风自火出，家人。君子以言有物而行有恒。

初九：闲有家，悔亡。

象曰：闲有家，志未变也。

六二：无攸遂，在中馈，贞吉。

象曰：六二之吉，顺以巽也。

九三：家人嗃嗃，悔厉吉。妇子嘻嘻，终吝。

象曰：家人嗃嗃，未失也。妇子嘻嘻，失家节也。

六四：富家，大吉。

象曰：富家大吉，顺在位也。

九五：王假有家，勿恤，吉。

象曰：王假有家，交相爱也。

上九：有孚威如，终吉。

象曰：威如之吉，反身之谓也。"

《周易》："家人卦：利于女子守正道。

象辞说：家人卦，女子（指六二）得位居中于内卦，男子（指九五）得位居中于外卦，男女的位置正确，这符合天地的礼义。家里面严肃的君长，便是父母。父亲像父亲，儿子像儿子，兄弟像兄弟，丈夫像丈夫，妻子像妻子，这样的治家之道才是中正的。这种治家之道可以使天下安定（即也是治国之道）。

象辞说：风从火中生出，这就是家人卦的卦象。君子从中受到启示，说话要有根据，做事要持之以恒。

初九：在家中做好防范，不会发生悔恨的事情。象辞说：在家中做好防范，对家的观念并没有改变。

六二：不自作主张，主持一家人的饮食，守正道吉祥。象辞说：六二之所以吉祥，是因为其位居中，符合常规，且温柔顺从。

九三：家里人被训斥，治家严厉吉祥；妇女、孩子嘻嘻哈哈，最终会有忧吝。象辞说：家里人被训斥，是没有失去家法；妇子、孩子嘻嘻哈哈，是失去了家的节制。

六四：家庭富裕，大吉大利。象辞说：家庭富裕大吉大利，是因为六四爻柔顺而得位。

九五：君王治国就像治家一样，不要忧愁，吉祥。象辞说：君王治国如治家，是让人们都像一家人一样相亲相爱。

上九：有诚信有威望，最终吉祥。象辞说：有威望的吉祥，说的便是能反身自律。"

① 标题"引言"为本书编者所加。

| 实践要点 |

"利女贞"，这三个字说出了家庭中女人的重要作用。俗话说"妻贤夫祸少"，家庭和睦的关键是女人是否贤惠。家庭以主妇的角色为重。主妇正则全家正，主妇不正则全家不正。妇女在家有大权，家庭的平和与否通常受女人影响非常大，如婆媳、姑嫂之间的问题等。如果主妇固守自己的岗位，安慰丈夫，教养孩子，以家人为重，家庭便和睦安宁。治家之道，男子要严厉，女子要柔顺。古人认为，治家也应该有不同的分工。男子齐家的目的是治国平天下，所以对男子的要求是在家外居正当之位，这是齐家的需要，也是治国的需要。女主家内事，男主家外事，家庭问题就解决了。家道正才能治国，治国才能平天下，由此可见正家道是正天下之本。

【2】《大学》曰："古之欲明明德于天下者，先治其国；欲治其国者，先齐其家；欲齐其家者，先修其身；欲修其身者，先正其心；欲正其心者，先诚其意；欲诚其意者，先致其知；致知在格物。物格而后知至，知至而后意诚，意诚而后心正，心正而后身修，身修而后家齐，家齐而后国治，国治而后天下平。自天子以至于庶人，一是皆以修身为本。其本乱而末治者否矣，其所厚者薄，而其所薄者厚，未之有也！此谓知本，此谓知之至也。所谓治国必先齐其家者，其家不可教而能教人者，无之。故君子不出家而成教于国。孝者所以事君也，弟者所以事长也，慈爱者所以使众也。《诗》云：'桃之夭夭，其叶蓁蓁。之子于归，宜其家人。'宜其家人，而后可以教国人。《诗》云：'宜兄宜弟。'宜兄宜弟，而后可以教国人。《诗》云：'其仪不忒，正是四国。'其为父子、兄弟足法，而后民法之也。此谓治国在齐其家。"

| 今译 |

《大学》说："古代那些想在天下彰明光明德行的人，必须先要治理好国家；想要治理好国家，必须先要管理好家政；想要管理好家政，必须先要修身；想要修身，必须先要端正自己的心；想要端正自己的心，必须先要诚恳自己的意志；想要诚恳自己的意志，必须先要获取知识；想要获取知识，必须先要去认识事物。通过认识事物就会获取知识，有了知识之后就会产生诚挚的意志，有了诚挚的意志就会端正自己的心，心端正之后我们的身心就得到修炼，身心得到修炼之后就能管理好自己的家政，家政管理好之后就能治理好国家，治理好国家之后就能平定整个天下。从天子到一般百姓，都将自己身心的修炼作为根本。根本乱了而枝叶得到治理是不可能的，把本来应该重视的东西反而视为次要，而把本来应该视为次要的东西反而加以重视，都是不可能的！这才是知道事物的根本，这才是最高的智慧。所谓想要治理好国家必须先管理好自己的家政，意思是说，连家人都教化不了的，却能够教化别人，这是不可能的。所以，君子不出门就能使整个国家的人得到教化。所以，一个孝顺父母的人一定能侍奉好君上，一个尊重自己兄长的人一定能够尊重长者，一个慈爱子弟的人一定能够管理好下属。《诗经》说：'美丽的桃树啊，枝繁叶茂；美丽的女子出嫁到丈夫家，使家庭和顺。'让家人都处于一个合宜和谐的状态，然后才可以去教化国人。《诗经》说：'宜兄宜弟。'让自己的兄弟处于一个合宜和谐的状态，然后才可以去教化国人。《诗经》说：'容貌举止庄重严肃，成为四方国家的表率。'要在父子兄弟之间成为一个好的榜样，然后国民才能够效法他。这就是治理好国家要先管理好自己的家政的道理。"

实践要点

《大学》三纲是"明明德""新民""止于至善"，八目是"格物""致知""诚意""正心""修身""齐家""治国""平天下"，这是《大学》一文的逻辑结构。古代中国是一个"家—国"同构的政治结构，治政的逻辑起点是从家庭的管理开始，而齐家的基础是家庭成员的德性修炼。《温公家范》中很多内容都是围绕"德性"二字进行展开的。

【3】《孝经》曰："闺门之内具礼矣乎！严父，严兄。妻子臣妾，犹百姓徒役也。"

| 今译 |

《孝经》说："家虽然小，但是天下的礼法在其中都能够得到体现。尊敬父兄，如侍奉君上之礼。对待妻子臣妾，就像对待百姓臣民一样，必须要有管理的方法，使得他们能够上下相安。"

【4】昔四岳荐舜于尧，曰："瞽子，父顽、母嚚、象傲。克谐以孝，烝烝乂，不格奸。"帝曰："我其试哉！女于时，观厥刑于二女。"厘降二女于妫汭，嫔于虞。帝曰："钦哉！"

以前，四方部落的首领向尧推荐舜为联盟领袖继承人时说："他是乐官瞽瞍的儿子。他父亲心术不正，他的后母愚顽，他的弟弟象傲慢无礼。但是，舜能够和他们和谐相处，孝德厚美，不流于奸恶。"尧帝说："让我试试他吧！我将两个女儿嫁给舜，来观察他治理家事的法度。"于是，尧帝将两个女儿下嫁到舜治理的部落，舜能够以义礼对待尧帝的两个女儿，让她们居住在妫水之滨，为有虞氏行妇人之道。尧帝知道后说："我钦佩舜！"

【5】《诗》称文王之德曰："刑于寡妻，至于兄弟，以御于家邦。"

此皆圣人正家以正天下者也。降及后世，爰自卿士以至匹夫，亦有家行隆美可为人法者，今采集以为《家范》。

《诗经》称颂文王的德行说："周文王以身作则，用礼法给他的妻子做出了示范，也影响了他的兄弟，进而来教化全国百姓，治理国家。"

这些都是古代的圣人先治理好自己的家庭，然后再治理国家的典范。到了后世，上自士大夫阶层，下到一般平民百姓，也有许多家里德行厚美，又能够成为别人学习榜样的人和事，现在将这些典范事迹收集起来，编成这本《温公家范》。

治　家

｜ 今译 ｜

　　卫国石碏说："君上仁义，臣下有品行，父亲慈爱，儿子孝顺，兄长友爱，弟弟恭敬，这就是人们常常说的六顺。"

｜ 简注 ｜

① 卫：古国名。
② 石碏：春秋时卫国大夫。

｜ 实践要点 ｜

　　《温公家范》第一卷《治家》，它从整体上讲我们应该怎样合乎德性和礼仪地处理家庭事务。古代中国是一个宗法社会，是一种"家—国"同构的政治结构。

《大学》中讲修身齐家治国，修身是治国的起点，国治是家齐的延伸，所以在这一卷里面，我们会看到很多讨论如何修身和遵礼的内容，也会看到很多讨论如何处理君臣关系的内容。

石碏，是春秋时期卫国的大夫。卫庄公有嬖妾所生子州吁，很小的时候就受到庄公的溺爱，尚武好斗。石碏曾经劝谏庄公，但是庄公不听。他的儿子石厚与州吁关系好，经常一起出游。卫桓公十六年，州吁弑杀桓公自立为君。石厚向他的父亲请教能够帮州吁安定君位、和顺民众的方法。石碏假意建议石厚跟随州吁去陈国，然后通过陈桓公的推荐朝觐周天子。但是，当他们二人到达陈国的时候，石碏便请求陈桓公拘留他们两个人，并派遣右宰相处死州吁，又派遣自己的家臣獳羊肩处死石厚。春秋时史学家左丘明称赞石碏，说他是："为大义而灭亲，真纯臣也！"

石碏所讲的"六顺"，界定了君臣、父子、兄弟之间的伦理关系，这些伦理关系并不是一种单向的君对臣、父对子、兄对弟的人格投射，而是一种双向的互动，它是两个活泼泼的生命个体通过具体的生活场景互相感应。君上对臣下有仁爱之心，那么臣下自然对君上也会报以忠诚；父亲对子女有慈爱之心，那么子女对父亲也自然会有孝爱之心；兄长对弟弟有友爱之心，那么弟弟也自然对哥哥有恭敬之心。在这个过程中，君臣、父子、兄弟之间那种真挚情感在彼此之间浸润、渗透，以情而感动彼此。真切体会"情"，是理解《温公家范》的一把钥匙，也是我们借助古代经典为我们今日的生活处境汲取可供借鉴的生命智慧的源头。

【2】齐^①晏婴曰："君令臣共、父慈子孝、兄爱弟敬、夫和妻柔、姑慈妇听，礼也。君令而不违，臣共而不二，父慈而教，子孝而箴，兄爱而友，弟敬而顺，夫和而义，妻柔而正，姑慈而从，妇听而婉，礼之善物也。"

／

齐国人晏婴说："君上德行厚美，臣下谦逊恭敬，父亲慈爱，儿子孝顺，兄长友爱，弟弟恭敬，丈夫谦和，妻子温顺，婆母慈爱，媳妇听话，这就是礼仪。君上德行厚美又不违背礼法，臣下就会谦逊恭敬而且忠心不二；父亲慈爱并且好好教育子女，子女就会孝顺并且能够告诫规劝父母的过错；兄长对弟弟爱护友善，弟弟就会对兄长恭敬顺从；丈夫对妻子谦和有情义，妻子就会温顺不偏倚；婆母对媳妇慈爱态度不急迫，媳妇就会听从态度温婉，这些都是礼法中最好的现象。"

| 简注 |

／

① 齐：古国名。

晏婴，字仲，谥"平"，历史上被称"晏子"，是春秋时期齐国著名政治家、思想家、外交家。在政治思想上，晏子非常推崇管仲所讲的修政治国必须"始于爱民"。他坚持"意莫高于爱民，行莫厚于乐民"。这一思想主张受到当时许多诸侯国的赞誉。而在个人的政治操守上，他从政期间心胸坦荡，廉洁无私。晏子辅佐齐国三公，一直勤恳廉洁从政，清白公正做人，主张"廉者，政之本也，德之主也"，从不接受礼物，大到赏邑、住房，小到车马、衣服，都不收受。他管理国家秉公无私，亲友僚属求他办事，合法的事情他就去做，不合法的事情就拒绝，绝不徇私。不仅如此，晏子还时常把自己所享的俸禄送给亲戚朋友和劳苦百姓。晏子生活十分俭朴，粗茶淡饭，吃的是"脱粟之食""苔菜"，可谓"食菲薄"。

晏子讲的这一条承接上一条来讲，对这种人伦之间的情感互动描述得更加详细，可以作为第一条，乃至全卷的注脚。除了讲君臣、父子、兄弟的德性之外，这一条还重点讲了夫妇与婆媳之间的关系。在这些关系中君、父、兄、夫、婆处于主导的位置。这个主导不是一种等级阶层意义上，而是从两个德性生命互相感动、情感交流的发起点这个角度来讲。比如夫妇与婆媳关系，首先一定是丈夫对妻子谦和有情义，用自己的德性人格来感应妻子，而妻子在这种生命互动中自然而然地予以响应；至于婆媳关系，婆婆应当是慈爱的，对儿媳的态度温和，那么儿媳自然也会给予回应，对婆婆报以最大的尊重。即使在处理家庭日常事务中，难免出现摩擦、磕磕碰碰，但是在这种生命的感应与互动中，也会生发出处理这些问题的智慧。所以，丈夫对妻子、婆婆对儿媳的主导，一定不是科层关系中的那种"官高一级压死人"；这种主导，一定是一种在德性人格上面的主动引导，让两个生命个体的德性人格在处理家庭事务中都得到成长。这样的家庭何愁不能和睦，又何愁不能兴旺呢？

【3】夫治家莫如礼。男女之别，礼之大节也，故治家者必以为先。《礼》：男女不杂坐，不同椸枷，不同巾栉，不亲授受；嫂叔不通问，诸母不漱裳；外言不入于阃，内言不出于阃；女子许嫁，缨。非有大故不入其门。姑姊妹、女子子，已嫁而反，兄弟弗与同席而坐，弗与同器而食。男女非有行媒不相知名，非受币不交不亲，故日月以告君，斋戒以告鬼神，为酒食以召乡党僚友，以厚其别也。

| 今译 |

治理家庭最重要的是家庭中的礼仪制度。而男女之别，是家庭礼仪中的核心部分。在这种意义上，治理家庭要首先重视男女之别的问题。《礼记》里面说：男女不能够坐在一起，不能够共用同一个衣架，不能共用毛巾和梳子，不能够亲手互相递交东西。嫂子和小叔子不能互相往来问候，不能让庶母来洗自己的下

身衣服。闺房外面的事情不能传到闺房里面，闺房里面的事情不能传到闺房外面。女子订婚后，必须佩戴香囊表示自己已经有归属了。没有发生大的事情，不能允许外人进入闺门。姑母、姐妹、自己的女儿，出嫁以后回到娘家，兄弟不可以和她们同席而坐，也不可以共用同样的器皿吃饭。男女之间，如果没有媒人，不能够互通姓名而交好；如果没有彩礼，就不能交往，不能结为姻亲。因此，男女双方的生辰八字要告诉双方的家长，举行婚礼的良辰吉日要斋戒禀告祖先，同时还要置办酒宴招待乡邻、同僚、朋友，如此郑重其事表示对男女之别的重视。

【4】又，男女非祭非丧，不相授器。其相授，则女受以篚。其无篚，则皆坐奠①之，而后取之。外内不共井，不共湢②浴，不通寝席，不通乞假。男子入内，不啸不指；夜行以烛，无烛则止。女子出门，必拥蔽③其面；夜行以烛，无烛则止。道路，男子由右，女子由左。

| 今译 |

又讲：男女之间，如果不是遇到祭礼和丧礼，不能互相传递用具。如果一定要互相传递，只能是男人把东西放进竹筐里面递给女人，然后女人再从竹筐里面拿出。如果实在没有竹筐，那么两个人都坐在地上，男人把东西放在地上，然后女子再从地上把东西拿起来。内室女眷不能和外面的人使用同一口井里的水，也

不能使用同一个浴室，更不能睡在同一张席子上，不能互相借东西。男子进入内室，不能啸叫，也不能乱指东西，夜晚进入，一定要秉烛而行，没有蜡烛就不能乱走。女子出门，一定要用东西遮掩住自己的脸，晚上也要秉烛而行，没有蜡烛就不要乱走。另外，男子在路上走要靠右，女子行走要靠左。

| 简注 |

/

① 奠：安放。
② 湢：浴室。
③ 蔽：遮挡。

【5】又，子生七年，男女不同席，不共食。男子十年，出就外傅①，居宿于外。女子十年不出。

| 今译 |

/

又讲：小孩子到七岁的时候，男孩子和女孩子就不能在同一张席子上就寝了，也不能坐在一起吃饭了。男孩子十岁的时候，就要外出拜师学习，住在外面了，而女孩子则依然留在家里面。

① 外傅：教学老师。

【6】又，妇人送迎不出门，见兄弟不逾阈^①。

| 今译 |

又有：女子迎接送别客人都不能走出门外，即使是和自己的兄弟见面，也不能迈过门槛出去。

| 简注 |

① 阈：门槛。

| 实践要点 |

中国是一个礼仪之邦。礼仪是指人们在社会交往过程中由于受历史传统、风俗习惯、宗教信仰、时代潮流等因素的影响而形成的既为人们所认同，又为其所

遵守的各种符合交往要求的行为准则和规范的总和。古代中国人将伦理生活的秩序感视为美好生活的核心构成，因为他们观感到整个天地万物的运行本身就是一个和谐的系统——各种事物各有层次，又秩序井然。古人认为，人类生活中的"礼"是对天地万物和谐秩序的一种模仿，所谓"礼者，天地之序也"。"天地秩序"就是指天地之间基本的秩序结构，相应地，整个人类社会也有与之对应的基本秩序，这个基本秩序是建立在人伦关系的基础上。秩序的起点始于家庭。

治理家庭最好的办法是通过礼仪，规范家庭成员之间的关系与行为，使之符合一个礼仪化的家庭空间。上面这几条都是在讲男女之别。礼是有内容和形式的，如果只看形式，则往往会僵化，我们应当秉持一种抽象继承、同情理解的态度，透过形式去看这些经典背后所隐藏的良苦用心、精神力量。

如果单单看上文的文字，我们肯定会觉得古人怎么如此不可理喻，那些礼则简直就是荒唐。随着时代的发展，礼则的具体内容肯定会发生变化，可是它背后的精神未必过时。讲男女之别，是要我们内心明白男女之间的关系是有界限或底线的。这条界限不应以时代发展变化为借口而被涂抹掉，当然也不应以此为借口进行设防。饮食男女，人之大欲。这个欲是生理层面的，当它符合一定礼则时，它才不是一种单纯的动物性行为，而是上升到道德的层面。我们今天这个社会，恰恰不是男女之别强调得太多了，而是太不关注男女交往过程中的那条界限。一夜情、婚外情的事情屡见不鲜，权色、钱色交易的事情也不绝于耳。这就完全把男女之情变成了一种动物性纵欲而已，不讲天道，也不讲良知，贻害无穷！除了这些极端例子，充斥在我们生活中的还有关于小孩子的教育问题，现在的教育也逐渐将男女之间那种天然的差别有意无意忽视掉了，男人缺少一点担当和阳刚之气，女人缺少一点宽容和阴柔之心，这也是我们应当注意的现象。所以，《礼记》中也对男女之间不同的角色进行设准，而采取不同的教育方式与策略。

> 【7】又，国君夫人，父母在，则有归宁①。没②，则使卿宁。

| 今译 |

另外，对于国君的夫人来讲，如果父母亲还在世，那么可以定期回娘家省亲。如果父母亲去世了，那就委派下属代为回家省亲。

| 简注 |

① 归宁：出嫁的女子回娘家省亲。
② 没：通"殁"，死亡。

| 实践要点 |

这一条文字很少，但里面有两层关系，一个是君臣，一个是父女。从"位"上讲，国君夫人是"君上"，而父母亲、兄弟则是"臣下"。君上委身到臣下那

里，是不合礼的。父母在的时候，对于父母亲来讲，国君夫人首先是女儿的身份，她对父母是一种"孝爱"的天然情感。而君臣的关系则是"义"，它是从"孝"里面延伸出来，从情感生发的次序来讲，"孝"是"义"的奠基。在这种意义上，父母亲在世的时候，需要定期去向他们请安，这不是以一种"君上"的身份，而是女儿的身份。当父母亲去世后，面对兄弟，这时候的情感是"悌"，敬爱，他们的情感联结是去世的父母亲，虽是天然的，但从某种意义上来说，是从属的。这时候它的原则是服从更大的"义"，也就是"君臣之义"，因此，派属下人前去探亲就可以了。

【8】鲁公^①父文伯之母如季氏^②，康子^③在其朝，与之言，弗应；从之及寝门，弗应而入。康子辞于朝而入见，曰："肥^④也不得闻命，无乃罪乎?"曰："寝门之内，妇人治其业焉，上下同之。夫外朝，子将业君之官职焉；内朝，子将庀季氏之政焉，皆非吾所敢言也，"

| 今译 |

鲁公父文伯的母亲，她是季康子的从祖叔母，去看季康子。季康子当时在朝上，向外拜望，跟她说话，她没有任何回应。季康子跟着她来到内堂的门口，她仍然没有搭理他，径直走进门里面。季康子觉得很奇怪，退朝后入内拜见说：

"我刚刚没听到您的吩咐,是不是我有什么地方做错了?"从祖叔母回答说:"内堂里面的事情,是女子处理的,这对全国上下来讲都是一样的。在外朝,你要履行国君交付的职责,在内朝,你又要治理好季氏属地的政务。这些都不是我可以参与过问的。"

简注

① 鲁公:伯禽。

② 季氏:季孙氏,鲁桓公季友的后裔。

③ 康子:季康子,鲁桓公季友的后裔。

④ 肥:季康子的自称。

实践要点

门在很多典籍中都有不同的隐喻,比如教堂或寺庙的门,它把一个物理性的绵延的空间隔断为两个不同的空间,教堂内或寺庙内是宗教徒的生命世界,而外面则是一个世俗的世界。我们都有这样的体会,往往我们带着一颗烦躁不安的心,脚一踏进教堂或者寺庙,那颗烦躁不安的心就不见了,整个人都沉静下来了。这是一种神圣性的显现。其实,古人所理解的生活世界也是充满神圣性,只不过中国古人是用礼仪来让这个世界的神圣性显现出来。这里的门则是把家与国、私人与公共的空间区隔开来,不同的空间有不同的礼仪。季康子的从祖叔母这样做，是在守礼，她无时不刻不生活在一个礼仪化的世界中，所以季康子不理解她，当然我们也不理解她。我们想一想，当全民公祭，纪念抗战英雄时，全场肃静，但国歌响起的一瞬间，心中也难免为之一颤，这就是礼仪或仪式带给我们的神圣性的感受。这是公共性，它带有某种群体性的历史记忆，或者尝试将我们唤醒，把我们重新带回到那个熟悉又陌生的场景。当我们生日或结婚纪念日的时候，全家人为我们庆贺，或者爱人精心给我们准备了一个大大惊喜，当灯黑的一刹那，一个拥抱、一个亲吻，一缕温情涌上我们的心头。这是今天我们能体会到的生活中的仪式感给我们带来的那一丁点有别于俗世生活的他处。生活在别处，又不在别处，它就在这里。《温公家范》整部书就是要让我们去体贴这样一种礼，因对它的尊崇所生发出的那种敬畏之感，使我们感受到自己的有限与渺小，又渴望借助礼仪使我们得以超拔出来。古人的生活世界是一个礼仪化的生活世界。

【9】公父文伯之母，季康子之从祖叔母也。康子往焉，门而与之言，皆不逾阈。仲尼闻之，以为别于男女之礼矣。

| 今译 |

公父文伯的母亲，是季康子的从祖叔母。季康子去拜望她，她总是打开内堂之门和他说话，从来都不迈出门一步。孔夫子听说之后，认为他们是在认真遵行男女有别的礼仪。

【10】汉万石①君石奋②，无文学，恭谨，举无与比。奋长子建、次甲、次乙、次庆，皆以驯行孝谨，官至二千石。于是景帝曰："石君及四子皆二千石，人臣尊宠乃举集其门。"故号奋为万石君。孝景季年，万石君以上大夫禄归老于家，子孙为小吏，来归谒，万石君必朝服见之，不名。子孙有过失，不谯让，为便坐，对案不食。然后诸子相责，因长老肉袒固谢罪，改之，乃许。子孙胜冠者在侧，虽燕必冠，申申如也。僮仆䜣䜣如也，唯谨。其执丧，哀戚甚。子孙遵教，亦如之。万石君家以孝谨闻乎郡国，虽齐、鲁诸儒质行，皆自以为不及也。建元二年，郎中令王臧以文学获罪皇太后。太后以为儒者文多质少，今万石君家不言而躬行，乃以长子建为郎中令，少子庆为内史。建老，白首，万石君尚无恙。每五日洗沐归谒亲，入子舍，窃问侍者，取亲中裙厕牏，身自浣洒，复与侍者，不敢令万石君知之，以为常。万石君徙居陵里。内史庆醉归，入外门不下车。万石君闻之，不食。庆恐，肉袒谢罪，不许。举宗及兄建肉袒。万石君让曰："内史贵人，入闾里，里中长老皆走匿，而内史坐车自如，固当！"乃谢罢庆。庆及诸子入里门，趋至家，万石君元朔五年卒。建哭泣哀思，杖乃能行。岁余，建亦死。诸子孙咸孝，然建最甚。

　　汉代万石君石奋，没有什么文学才能，但是他为人谦恭谨慎，周围没有人能和他相提并论。石奋的大儿子石建、二儿子石甲、三儿子石乙、小儿子石庆，都是因为温顺孝悌、为人谨慎，而官拜两千石。于是汉景帝感叹说："石奋和他的四个儿子都官至两千石，身为人臣能得到的尊贵和恩宠，都集中到他一家门下。"也因此，石奋被人称呼为万石君。孝景末年，万石君以上大夫的身份告老还乡。他的子孙们都是小吏，回家拜望他的时候，石奋一定身着朝服，衣冠整齐地接见他们，也从来不直接称呼他们的名字。如果子孙们犯了过错，石奋也从来不责骂他们，而是不坐在正室里面，对着案几不吃饭。这样子孙们就互相反省责备对方，然后和家里的长辈一起前去谢罪，改正之后，石奋才原谅他们。那些已经成年的子孙们在石奋身边侍奉，即使是平时闲适的时候，也要佩戴帽子，表现出一种安详舒和的状态。家里面的童子、仆人也都是毕恭毕敬，欣然从命的样子。另外，他操办丧事的时候也非常的哀痛悲伤，而他的子孙们遵从他的教导，也和他一样。万石君家，因为孝顺恭谨闻名郡国，就连齐地、鲁地的儒者，也自认为自己的操行比不上他。建元二年，郎中令王臧，因为写文章而得罪了皇太后。皇太后认为当时的儒者知识文采很好，但是操行品质却很差。而万石君家里的人，却总是默默无言、身体力行遵守着礼法，于是把长子石建提拔为郎中令，幼子石庆提拔为内史。当时石建已经年老，头发花白，而万石君身体还非常好。石建每五天休假一次，回家拜望父亲，进入偏室，小声向仆人询问父亲的身体情况，还亲自为父亲清洗内裤和便盆，然后再交给仆人，不敢让自己的父亲知道，这样的事情已经成为石建日常的习惯了。后来，万石君搬到陵里居住，有一次内史石庆大醉回家，车已经到了外门，却不下车。万石君知道这件事之后，就不吃饭了。石庆知道后非常害怕，袒露胸背向父亲请罪，万石君仍然不原谅他。全宗族的人以及石庆的兄长石建，全都袒露胸背前来告罪，万石君责备石庆说："内史身份尊贵，坐车进入乡里，乡里年长的人全都躲避起来了，而内史却坐在车里面泰然自若，一点礼法也不懂，这难道是该做的事情吗！"石庆听后赶紧认错谢罪，万石君这才原谅石庆，不再责备他。从此以后，石庆以及石家的其他子弟，只要进到乡里，就一定下车，小步快行走回家。万石君在元朔五年去世。石建悲恸欲绝，拄着拐杖才能行走。过了一年多，石建也去世了。万石君的子孙们都非常孝顺，而石建是最孝顺的。

| **简注** |

① 石：重量单位，汉代的时候三十斤为一钧，四钧为一石。
② 石奋：汉时温国人。

| **实践要点** |

文中的石奋是一个德行很高的一家之主。我们能够体会到他为人处事的恭谨态度，无论是在朝，还是闲居在家。我们看他告老还乡的时候，家中子孙每次回家拜望他的时候，他总要身着朝服，衣冠整齐地接见他们，并且从来不直接称呼

他们的名字。本来石奋大可不必如此，但是他还是以一颗侍奉君上的敬谨之心、恭敬之心来对待为君父分忧的子孙们。从不直呼他们的名字，背后的那种敬谨恭敬可见一斑。有如此的父祖，自然感动子孙，所以，我们看石奋的儿子石建侍奉父亲的故事。虽然石建的年岁已大，但是侍奉父亲的那一颗诚心却总是在那里，他还要沐浴更衣，亲自为父亲清洗内裤和便盆。这里有一个细节非常感人，就是他是瞒着父亲做这一切的，这个"瞒"不是欺骗，而是对父亲最深沉的爱，他怕父亲为自己担心，毕竟自己的年岁已经很大了。

【11】樊重①，字君云。世善农稼，好货殖②。重性温厚，有法度，三世共财，子孙朝夕礼敬，常若公家③。其营经产业，物无所弃；课役④童隶⑤，各得其宜。故能上下勠力，财利岁倍，乃至开广田土三百余顷。其所起庐舍，皆重堂高阁，陂⑥渠灌注。又池鱼牧畜，有求必给。尝欲作器物，先种梓漆，时人嗤⑦之。然积以岁月，皆得其用。向之笑者，咸求假焉。赀至巨万，而赈赡宗族，恩加乡闾。外孙何氏，兄弟争财，重耻之，以田二顷解其忿讼。县中称美，推为三老⑧。年八十余终，其素所假贷人间数百万，遗令焚削文契。债家闻者皆惭，争往偿之。诸子从敕，竟不肯受。

樊重，字君云。他们家世世代代耕种庄稼，也喜欢做生意。樊重性情温和厚重，做事情讲究法度。他们家三世共住不分家，家族里面的财物共有，家里的子孙们时时刻刻都能做到互相遵礼恭敬，就像诸侯王国的家庭一样。樊重所经营的产业，都能物尽其用，而不会无端浪费；他役使仆人、役工，让他们都能最好地发挥自己的才能。因此，能够做到上下同心，家里的产业每年都能成倍增长，后来樊家所拥有的田地达到了三百多顷。樊家所建造的房舍，都是带有阁楼的高楼，四周有池塘水渠可以灌溉，然后又养鱼和牲畜，如果乡里有穷困急迫的人来求助，他都是有求必应帮助他们。樊重曾经想要制作器物，于是他就先种梓树和漆树，当时人们对他这个做法嗤之以鼻。但是，过了好几年之后，这些木材都派上了用场。原来那些嘲笑樊重的人，都反过来向他借制作器物的材料。樊重的财物积累到成千上万，却经常周济自己的本家同族，施惠乡间邻里。樊重的外孙何氏，兄弟之间争夺财产，樊重对他们的行为感到羞耻，于是送给他们二顷田地，来解决他们兄弟之间的愤怒和争讼。县里的人们都称颂他的品行，于是推举他为"三老"，掌管县里的教化。樊重八十多岁的时候去世了，他平时借给乡邻的钱物多达数百万，但他在遗嘱中嘱咐家人将那些有关借贷的文书契约全部烧掉。向他借贷的人听到这个消息，心里面非常惭愧，都争着去偿还财物。但是，樊重的孩子们都遵从父亲的遗嘱，一概不接受。

① 樊重：东汉湖阳人。

② 货殖：经商。

③ 公家：公室，诸侯王国的家。

④ 课役：课纳税赋、分派劳役。

⑤ 童隶：仆役、奴隶。

⑥ 陂：池塘。

⑦ 嗤：嗤笑。

⑧ 三老：古代掌管教化的乡官。

| 实践要点 |

/

钱财是身外物，它只能为我们提供幸福生活的基础条件，但绝不是必备的或充分的条件，更不是充要条件。樊重是一个理财高手。可是，赚钱的目的是为了花钱，如何花好钱更加重要。樊重把自己赚到的钱财拿去帮助有需要的人，就像我们今天所讲的做公益慈善。中国古代讲士农工商，这是古代社会的阶层构成，商人重利，社会地位不高。然而，在我们今天的商业社会中，"商"的位置其实非常高，更要相应承担起必要的责任，引导社会往良性的方向去发展，而不是为商不仁。

【12】南阳冯良①，志行高洁，遇②妻子③如君臣。

南阳的冯良，品行高洁，他对待自己的妻子和孩子，就像处理君臣关系一样讲究礼仪。

① 冯良：东汉南阳人。

② 遇：对待。

③ 妻子：妻子与子女。

【13】宋侍中谢弘微①从叔混②以刘毅③党见诛，混妻晋阳公主改造琅邪王练④。公主虽执意不行，而诏与谢氏离绝。公主以混家委之弘微。混仍世宰相，一门两封⑤，田业十余处，童役千人，唯有二女，年并数岁。弘

微经纪生业，事若在公。一钱、尺帛，出入皆有文薄。宋武⑥受命，晋阳公主降封东乡君，节义可嘉，听还谢氏。自混亡至是九年，而室宇修整，仓廪充盈，门徒不异平日。田畴垦辟有加于旧。东乡叹曰："仆射生平重此一子，可谓知人，仆射为不亡矣。"中外亲姻⑦、里党、故旧，见东乡之归者，入门莫不叹息，或为流涕，感弘微之义也。弘微性严正，举止必修礼度，婢仆之前不妄言笑，由是尊卑大小，敬之若神。及东乡君薨⑧，遗财千万，园宅十余所，及会稽、吴兴、琅邪诸处。太傅安、司空琰时事业奴僮犹数百人。公私或谓，室内资财，宜归二女；田宅僮仆应属弘微。弘微一物不取，自以私禄营葬。混女夫殷睿素好摴蒱⑨，闻弘微不取财物，乃滥夺其妻妹及伯母两姑之分，以还戏责⑩。内人⑪皆化弘微之让，一无所争。弘微舅子领军将军刘湛⑫谓弘微曰："天下事宜有裁衷，卿此不问，何以居官？"弘微笑而不答。或有讥以"谢氏累世财产充殷，君一朝弃掷，譬弃物江海，以为廉耳"？弘微曰："亲戚争财，为鄙之甚。今内人尚能无言，岂可道之使争！今分多共少不至有乏，身死之后，岂复见关！"

今译

南朝宋侍中谢弘微，他的从叔谢混因为与刘毅结党而受到诛杀。谢混的妻子晋阳公主奉诏改嫁琅琊人王练。公主虽然执意不肯去，但是有诏命令她与谢家断绝关系，她也只好把谢混的家事托付给弘微。谢混是当时的宰相，两次被封爵赐地，田产有十多处，童仆杂役有上千人。谢混还有两个女儿，年纪只有几岁。谢弘微经营谢混家的产业，就像给公家办事一样，即使是一分钱、一尺帛，收入和支出都有明细账目。宋武帝刘裕登基以后，晋阳公主受封为东乡君，因为她有气节大义，受到时人称许，因此朝廷允许她重新回到谢家。从谢混离世已经有九年时光，但是谢家的房子楼宇仍然修整一新，仓库里面的粮食也堆放得满满的，家里的仆人杂役仍像以前一样多，而且耕种开垦的田地比以前还要多。东乡君感叹说："谢混一生很看重弘微，真的称得上是知人啊，谢混虽然不在了，但是他的香火不灭。"远近的亲戚、邻里、故交看到东乡君回来的情景，没有不叹息的，有的甚至被弘微的仁义，感动得痛哭流涕。弘微的性情严谨正直，他的行为举止都符合礼仪规范，在奴仆面前，从来不随便说笑，因此家里上上下下，都对他十分尊敬。东乡君去世之后，留下的财产有千万之巨，另有庄园、宅院十多所，遍及会稽、吴兴、琅琊等地。到了太傅安、司空琰的时候，谢混家经营的产业及奴仆仍然有数百人之多。当时很多人认为，谢混家的财产，内堂里面的财物应该归谢混两个女儿所有，但是田地、宅院以及奴仆应该归弘微所有。然而，弘微一件东西也没有拿，连给东乡君举行葬礼的花费都是用自己的俸禄支付的。谢混有一个女婿殷睿，平时喜欢赌博，听说弘微不要谢混家的财产，于是便大肆侵夺妻妹以及伯母两姑的份额，来偿还自己的赌债。家里人都学习弘微的忍让，并不费尽心机去争夺。弘微的妻弟领军将军刘湛对弘微说："天底下的事情都应该有一个正确的裁决，你连这件事情都不过问，那还怎么做官呢？"弘微只是笑而不答。当时有人就嘲讽弘微说"谢家祖祖辈辈留下来的财产那么多，但是你一下子就丢弃它，就像把东西扔到江海之中一样，竟然还以为是清廉"？弘微说："家里面亲戚之间争夺财产，是多么让人瞧不起，现在家里人都没什么怨言，我又怎么能够引导他们去争斗呢？现在财产分多分少，但还不至于没有，人死了之后，哪里还去管它！"

| 简注 |

① 谢弘微：南朝宋人。本名密，字弘微。

② 混：谢混，晋人。

③ 刘毅：东汉人，北海静王之子。

④ 王练：晋时人，字玄明。

⑤ 两封：两次被封爵赐地。

⑥ 宋武：南朝宋武帝刘裕。

⑦ 中外亲姻：母方的亲戚。

⑧ 薨：古时诸侯或有爵位的人去世时叫薨。

⑨ 摴蒲：古代的一种博戏，类似于今天的掷骰子，这里指赌博。

⑩ 戏责：责，通"债"。戏责，指赌博欠下的债务。

⑪ 内人：身边亲近的人。

⑫ 刘湛：字弘人，南朝宋涅阳人。

【14】刘君良①，瀛州乐寿人，累世同居，兄弟至四从②，皆如同气。尺布斗粟，相与共之。隋末，天下大饥，盗贼群起，君良妻欲其异居，乃密取庭树鸟雏交置巢中，于是群鸟大相与斗，举家怪之。妻乃说君良，曰："今天下大乱，争斗之秋，群鸟尚不能聚居，而况人乎？"君良以为然，遂相与析居③。月余，君良乃知其谋，夜揽妻发，骂曰："破家贼，乃汝耶！"悉召兄弟，哭而告之，立逐其妻，复聚居如初。乡里依之，以避盗贼，号曰义成堡。宅有六院，共一厨。子弟数十人，皆以礼法，贞观六年，诏旌表其门。

| 今译 |

　　刘君良，瀛州乐寿人。他们家几代人都居住在一起，从不分家，即使只是同一宗族但并非至亲的堂兄弟，也能像亲兄弟一样亲密无间。哪怕是一尺布，一斗米，大家都是共同享用。隋朝末年，天下爆发大的饥荒，当时盗贼非常多，刘君良的妻子想要从大家族里面分出来自己住，于是她想了一个办法，私下将庭院里

一棵树上不同种类的小鸟交错放在鸟巢中，这样一来，群鸟就打斗起来了。家里人都觉得很奇怪，这时刘君良的妻子就劝说他："现在天下大乱，到处都在打仗，连鸟都不能在一起生活，何况人呢？"刘君良认为妻子说的是对的，就从大家族中搬离出来自己住。过了一个多月，他知道了妻子的计谋，晚上揪住妻子的头发大骂："破家贼，就是你！"于是他把所有的兄弟都叫到一起，哭着把事情的真相告诉他们，然后马上休了自己的妻子，大家又住在了一起。后来，乡里的人都依靠他们来抵抗盗贼，他们的大家族因此被称为"义成堡"。他们的宅子有六个院落，共享一个厨房，家里面的子侄辈有几十人，但是他们都能以礼相待。贞观六年，唐太宗也因此颁布昭令，表彰刘家。

简注

① 刘君良：唐朝时饶阳人，四世同居，贞观年间受到朝廷表彰。

② 四从：四代同一宗族而非至亲的堂房。

③ 析居：分居。

实践要点

这一条是讲兄弟之间团结互助的。以前的家族都是大家族，维持大家族之间和睦共处的是礼仪，守礼的家族自然能够团结一致，这里所讲的便是"兄弟同心，其利断金"的道理。

【15】张公艺^①，郓州寿张人，九世同居，北齐、隋、唐，皆旌表其门。麟德中，高宗封泰山，过寿张，幸其宅，召见公艺，问所以能睦族之道。公艺请纸笔以对，乃书"忍"字百余以进。其意以为宗族所以不协，由尊长衣食，或者不均；卑幼礼节，或有不备。更相责望^②，遂成乖争。苟能相与忍之，则常睦雍^③矣。

今译

张公艺是唐代郓州寿张人，他们家九代同居，北齐、隋朝、唐朝都曾经表彰过他们家族。麟德年间，唐高宗到泰山行封禅之礼，经过寿张的时候，驾临张公艺家，召见他询问让家族和睦共处的方法。张公艺请出纸笔，书写了一百多个"忍"字进呈给高宗皇帝。张公艺所要表达的意思是说：有的家族之所以不能和谐相处，或者是因为长辈分配衣食不公平，或者是因为小辈之间的礼节有疏漏不足的地方。这样，家族内部成员之间就会互相责备，产生怨恨，甚至形成矛盾和争斗。倘若家人之间能够互相忍让，那么家族成员之间就能和睦共处。

① 张公艺：唐朝寿张人，唐高宗封泰山时临幸过他家。

② 责望：责备怨恨。

③ 睦雍：感情和睦，言语和谐。

| 实践要点 |

大家族同居共爨，难免磕磕碰碰，"忍"字其实是相处之道。"忍"字是在心上插上一把刀，怎么会不辛苦呢？"忍"就是要谦让，不要事事以自己的主张或想法为是，而是多考虑到别人，推己及人，多从别人的立场上来看。现代家庭虽然没有那么庞大，但是家庭生活也难免要用到"忍"的智慧，不仅如此，在职场，面对上下级关系，有时候忍一忍也在所难免。

【16】唐河东节度使柳公绰①，在公卿间最名。有家法，中门东有小斋②，自非朝谒之日，每平旦辄出，至小斋，诸子仲郢等皆束带，晨省于中门之北。公绰决公私事，接宾客，与弟公权及群从弟③再食④，自旦至暮，不离小斋。烛至，则以次命子弟一人执经史立烛前，躬读一过毕，乃讲议居官治家之法。或论文，或听

琴，至人定⑤钟，然后归寝，诸子复昏定⑥于中门之北。凡二十余年，未尝一日变易。其遇饥岁，则诸子皆蔬食，曰："昔吾兄弟侍先君为丹州刺史，以学业未成不听食肉，吾不敢忘也。"姑姊妹侄有孤嫠⑦者，虽疏远，必为择婿嫁之，皆用刻木妆奁⑧，缬文绢⑨为资装。常言，必待资装丰备，何如嫁不失时。及公绰卒，仲郢一遵其法。

| 今译 |

　　唐朝河东节度使柳公绰，在当时的公卿士大夫中名节最好。柳家的家法很严格。家里中门的东边有一个小书斋，只要不是朝拜皇帝的日子，他每天天亮的时候就出房门，到小书斋去，仲郢等子女都整装束带，站在中门的北面等着向他问早安。柳公绰不论是处理公务还是私事，接待宾客，与弟弟柳公权以及其他族弟们一起吃饭，从早晨到晚上，都不离开小书斋。掌灯之后，就依次叫家里的子弟们每人捧着经史之书，站在灯前，诵读一遍书中内容。子弟诵读完之后，就向大家讲论为官治家的道理。然后或是谈论文章、或是听琴，直到夜深了才回去休息。这时，子女们又站在中门的北面，向他问安。这样日复一日，坚持了二十多年，从来没有改变。如果遇到饥荒，子女们只能吃蔬菜，公绰就对他们说："以

前我们兄弟侍奉父亲，他当时是丹州刺史，因为我们并未完成学业，不能吃肉，我至今也不敢忘记父亲的教导。"堂姐妹侄中那些丧父守寡的，即使关系很疏远，公绰也会为她们选择夫婿，准备木刻镜匣以及印有花饰的丝织品作为嫁妆。他经常说，一定等到嫁妆丰备，哪里比得上嫁人不失时呢。等到公绰去世后，仲郢全都遵照他的方法治家。

简注

① 柳公绰：唐代华原人。

② 斋：书房。

③ 从弟：堂弟。

④ 再食：每日两餐。

⑤ 人定：夜深人静时。

⑥ 昏定：晚上子女服侍父母就寝的一种礼节。

⑦ 孤嫠：幼而无父称孤；嫠为寡妇。

⑧ 妆奁：本意是梳妆用的镜匣，后来泛指嫁妆。

⑨ 缬文绢：缬，彩结；文绢，绣花的衣服。

实践要点

这一条讲柳公绰教育子女，他非常重视身教，自己无论处理公事、私事都从不离开书斋，由此来引导家里的孩子们刻苦求学。对于家里的每一个孩子，他的心从来没有一点偏向，不会对这一个厚一点，而对那一个薄一点。这就是一颗不偏不倚的心。甚至对于远房的堂姐妹们，也尽可能去关爱她们。正是由这样一颗不偏不倚的公心，柳家的家族才能如此和睦兴旺。

【17】国朝公卿能守先法久而不衰者，唯故李相昉①家。子孙数世二百余口，犹同居共爨②。田园邸舍所收及有官者俸禄，皆聚之一库，计口日给饼饭，婚姻丧葬所费皆有常数。分命子弟掌其事，其规模大抵出于翰林学士宗谔③所制也。

| 今译 |

当朝公卿，能够坚持遵守古代礼法的，只有太宗时的宰相李昉家。他们家几代人，子孙有两百多人，依然住在一起，一起吃饭。家里的田产和房产的收入，以及做官的人的薪俸，都交由家里统一管理。平日里都是按人口数来安排饭食，婚嫁丧葬的开支也都是有规定的。李家分别选派子弟处理家里的这些事情，这些规矩基本上是由翰林学士宗谔制定的。

① 李昉：字明远，深州饶阳人。

② 同居共爨：住在一起，一起吃饭。

③ 宗谔：李宗谔，李昉之子，字昌武。

【18】夫人爪之利，不及虎豹；膂力^①之强，不及熊罴；奔走之疾，不及麋鹿；飞飏之高，不及燕雀。苟非群聚以御外患，则反为异类食矣。是故圣人教之以礼，使之知父子兄弟之亲。人知爱其父，则知爱其兄弟矣；爱其祖，则知爱其宗族矣。如枝叶之附于根干，手足之系于身首，不可离也。岂徒使其粲然条理以为荣观哉！乃实欲更相依庇，以捍外患也。吐谷浑阿豺^②有子二十人，病且^③死，谓曰："汝等各奉吾一支箭，将玩之。"俄而命母弟慕利延^④曰："汝取一支箭折之。"慕利延折之。又曰："汝取十九支箭折之。"慕利延不能折。阿豺曰："汝曹^⑤知否？单者易折，众者难摧。勠力一心，然后社稷可固。"言终而死。彼戎狄也，犹知宗族相保以为强，况华夏乎？圣人知一族不足以独立也，故又为之甥舅、婚媾、姻娅以辅之。犹惧其未也，故又爱养百姓以

卫之。故爱亲者，所以爱其身也；爱民者，所以爱其亲也。如是则其身安若泰山，寿如箕翼，他人安得而侮之哉！故自古圣贤，未有不先亲其九族，然后能施及他人者也。彼愚者则不然，弃其九族，远其兄弟，欲以专利其身。殊不知身既孤，人斯戕之矣，于利何有哉？昔周厉王弃其九族，诗人刺之曰："怀德惟宁，宗子惟城；毋俾城坏，毋独斯畏；苟为独居，斯可畏矣。"

| 今译 |

人的爪牙再锋利，也比不上虎豹；力量再强大，也比不上熊罴；奔跑再快，也比不上麋鹿；飞跳得再高，也比不上燕雀。如果不是靠大家群居的力量来抵御外敌，就会反过来被其他动物吞食。因此，圣人教给人们礼法，让人们知道父子、兄弟之间应该相亲相爱。人们知道爱自己的父亲，那么他就知道爱自己的兄弟；如果他爱自己的祖先，那么他就知道爱自己的宗族。人与自己家族之间的关系像枝叶依附树的根干，就像人的手脚依附于身体一样，不能够互相分离。这哪里只是为了表面上的壮盛和秩序所体现的荣耀而已呢？实际上是希望能够互相依靠庇护，抵御外敌。吐谷浑阿豺有二十个儿子，他患病快要死的时候，对儿子们说："你们各自拿一支箭，我们玩一个游戏。"不一会，他对弟弟

慕利延说："你拿一支箭，然后折断它。"慕利延很容易就折断了。然后，他又对慕利延说："你拿另外十九支箭，然后一起折断它们。"慕利延这次不能折断。这时，阿豺对儿子们说："你们知道吗？一支箭很容易被折断，但众多的箭在一起，就很难被摧毁。只要你们团结在一起，勠力同心，那么我们的国家就一定能够稳定坚固。"说完就去世了。阿豺还是少数民族的人，尚且知道宗族要互相保护，才能强大，何况是我们华夏民族呢？圣人知道单独一族的力量不足以自立，因此又用甥舅关系、婚姻关系来作为辅助。但还是害怕有不足的地方，因此又爱护、教养百姓来作为护卫。这样看来，爱护自己的亲人，就是爱护自己，爱护天下的民众，就是爱护自己的亲人。如果能做到这一点，那么我们自己就会安稳如泰山，寿命如星宿一样长久，别人又怎么能够侮辱你呢？所以，自古以来，圣贤们从来没有不先亲睦自己的本族亲戚，却能去爱护其他人的。那些愚蠢的人就不一样了，他们抛弃自己的本族亲戚，疏远自己的兄弟，一心只想着自己的利益。却不知道，人一旦陷入孤立，别人就会总想着去伤害你，你最终又能得到什么样的利益呢？以前，周厉王抛弃自己的九族，当时的人写诗讽刺他说："君王仁德，国家才会安宁，宗族子弟才是王室的坚固护卫。不要毁掉自己坚固的护卫，不要只是放任自己的力量。如果什么事都自己独断专行，那就太可怕了！"

| 简注 |

／

① 膂力：体力，筋力。

② 阿豺：土谷浑之王，树洛干之弟。东晋安帝义熙年间至宋文帝元嘉初年在位。

③ 且：将，将要。

④ 慕利延：即慕延，继慕璝位，后来被称为河南王。

⑤ 汝曹：你辈，你们。

【19】宋昭公①将去群公子，乐豫②曰："不可。公族，公室之枝叶也。若去之则本根无所庇荫矣。葛藟犹能庇其根本，故君子以为比，况国君乎？此谚所谓庇焉，而纵寻③斧焉者也，必不可。君其图之，亲之以德，皆股肱④也。谁敢携贰⑤！若之何去之？"昭公不听，果及于乱。华亥⑥欲代其兄合比为右师⑦，谮⑧于平公而逐之。左师曰："汝亥也，必亡。汝丧而宗室，于人何有？人亦于汝何有？"既而，华亥果亡。

| 今译 |

宋昭公想要把宗室的公子都杀掉，乐豫劝他说："不能够这样做，整个公族就是公室的枝叶，如果砍掉这些枝叶，那么公室这个树根就没有可以庇护的了。连葛藟这样的植物都能去庇护它的根本，因此君子拿来作比喻，何况是国君呢？

这个谚语说的是要善用枝叶对树干的庇护，如果用斧头任意去砍伐枝叶，一定不可以的！您一定要好好谋划，用仁德来亲近他们，让他们都成为肱股之臣。这样，天下还有谁敢有贰心？为什么还要除掉他们呢？"昭公不听劝告，果然导致国家大乱。华亥想要取代他的兄长合比成为右师，便中伤合比，让平公把他赶走。左师说："华亥啊，你必定要被杀死！你伤害自己的宗室兄弟，那你对待别人又会怎么样呢？别人又会对你怎么样呢？"过了不久，华亥果然就死了。

| 简注 |

/

① 宋昭公：春秋时宋成公少子，名杵臼。史载无道昏君。

② 乐豫：春秋时宋国人，宋昭公时担任司马。

③ 纵寻：纵情使用。

④ 股肱：股，大腿；肱，从肩到肘的部位。肱股，比喻帝王左右辅佐得力的臣子。

⑤ 携贰：叛离。

⑥ 华亥：春秋时宋国人，宋平公时进谮逐其兄华合比，后出逃到楚国。

⑦ 右师：官名，当时的执政官。

⑧ 谮：诬陷，中伤。

【20】孔子曰："不爱其亲而爱他人者，谓之悖德；不敬其亲而敬他人者，谓之悖礼。以顺则逆，民无则焉，不在于善，而皆在于凶。德虽得之，君子不贵也。故欲爱其身而弃其宗族，乌在其能爱身也？"

今译

孔子说："不爱自己的亲人却去爱他人，这是违背人伦道德的；不尊敬自己的亲人却去尊敬他人，这是违背礼法的。君王教导臣民要顺从这样的人伦礼法，而自己却去违背它，这样百姓就会无所适从。不在身行爱敬的善道上认真做，却在违背人伦礼法的恶道上任意胡为，即使短时间能够有所得，这也是君子不看重的。因此，想要爱自己一身却舍弃自己的宗族的人，又怎么能够真正做到爱护自己呢？"

实践要点

父母对我们有生养之恩，如果我们连自己的父母都不亲爱，那么这个人还有所谓的仁爱之心？这是不可能的！现在很多人，越是对关系亲近的人，越容易发脾气。我们对待陌生人，对待花花草草，可能会表现出一种所谓的爱心、怜悯之心，可是往往对自己的父母亲不耐烦，觉得父母对我们的好真的是理所当然一样。家总是我们遇到困难时的加油站和避风港，可是，我们不要等到走投无路的时候才想到父母亲才是那个无条件对我们好的人。如果我们连他们都不爱，我们能爱别人吗？能爱别物吗？那种所谓的爱也只是虚幻的而已，它并不真实。

【21】孔子曰："均无贫，和无寡，安无倾。"善为家者，尽其所有而均之，虽粝食^①不饱，敝衣不完，人无怨矣。夫怨之所生，生于自私及有厚薄也。

| 今译 |

孔子说："家里的财产平均分配，就没有人贫穷，家里人能够和睦相处，力量就不会单薄了，一家人相安无事，就不会有倾覆的危险。"善于治理家事的人，一定会把所有的财产平均分配，这样，即使每天吃不饱穿不暖，家里人也不会有怨恨。怨恨的产生都是因为自私自利以及区别待人处事导致的。

| 简注 |

① 粝食：粗米。

／

这是讲家庭财产的分配。孔子讲的原则是平均，这是告诫父母一定要秉持一颗不偏不倚的公正心，而不是以个人情感的喜恶来判定，不能够厚此薄彼，不然家庭的纷争就无休无止。

【22】汉世谚曰："一尺布尚可缝，一斗粟尚可舂。"言尺布可缝而共衣，斗粟可舂而共食。讥文帝^①以天下之富，不能容其弟也。

| 今译 |

／

汉代有一句谚语说："即使只有一尺布还可以缝，即使只有一斗粟还可以舂。"这是说即使只剩下一尺布，还可以把它缝制成衣服，大家一起穿，即使只剩下一斗谷粟，还可以脱壳成米，大家一起吃。这句话是用来讽刺汉文帝虽然拥有整个天下，却容不下他的亲弟弟。

| 简注 |

／

① 文帝：汉文帝刘恒。

【23】梁中书侍郎裴子野^①，家贫，妻子常苦饥寒。中表^②贫乏者，皆收养之。时逢水旱，以二石米为薄粥，仅得遍焉，躬自同之，曾无厌色。此得睦族之道者也。

| 今译 |

梁代中书侍郎裴子野，家里很穷，妻子子女经常受尽饥寒之苦，却把家族中贫困的表弟妹都收养在家。当时，正好碰上水旱灾害，裴子野用二石米熬成很稀的粥，家里每人只能分到一碗，他也和其他人一样喝，没有一点厌恶难受的表情。这是已经懂得了如何让家族和睦相处的道理了。

| 简注 |

① 裴子野：南朝梁史学家、文学家，字几原，河东闻喜人，著名史学家裴松之的长孙。

② 中表：古代称父亲的姐妹即姑母的儿子为外兄弟，称母亲的姐妹即姨母的儿子为内兄弟。外为表，内为中，所以称姑母、姨母、舅父的子女为中表。

卷二

祖

【1】为人祖者，莫不思利其后世。然果能利之者，鲜矣。何以言之？今之为后世谋者，不过广营生计以遗之。田畴连阡陌，邸肆跨坊曲①，粟麦盈囷仓②，金帛充箧笥③，慊慊然④求之犹未足，施施然⑤自以为子子孙孙累世用之莫能尽也。然不知以义方⑥训其子，以礼法齐其家。自于数十年中勤身苦体以聚之，而子孙于时岁之间奢靡游荡以散之，反笑其祖考之愚，不知自娱，又怨其吝啬，无恩于我，而厉虐之也。始则欺绐攘窃，以充其欲；不足，则立券⑦举债于人，俟其死而偿之。观其意，惟患其考之寿也。甚者至于有疾不疗，阴行鸩毒，亦有之矣。然则向之所以利后世者，适足以长子孙之恶而为身祸也。顷尝有士大夫，其先亦国朝名臣也，家甚富而尤吝啬，斗升之粟、尺寸之帛，必身自出纳，锁而封之。昼而佩钥于身，夜则置钥于枕下，病甚，困绝不知人，子孙窃其钥，开藏室，发箧笥，取其财。其人后苏，即扪枕下，求钥不得，愤怒遂卒。其子孙不哭，相与争匿其财，遂致斗讼。其处女⑧蒙首执牒，自讦于府庭，以争嫁资，为乡党笑。盖由子孙自幼及长，惟知有利，不知有义故也。夫生生之资⑨，固人所不能无，然勿求多余，多余希不为累矣。使其子孙果贤耶，岂蔬粝

布褐不能自营，至死于道路乎？若其不贤耶，虽积金满堂，奚益哉？多藏以遗子孙，吾见其愚之甚也。然则贤圣皆不顾子孙之匮乏邪？曰：何为其然也？昔者圣人遗子孙以德以礼，贤人遗子孙以廉以俭。舜自侧微积德至于为帝，子孙保之，享国百世而不绝。周自后稷、公刘、太王、王季、文王，积德累功，至于武王而有天下。其《诗》曰："诒厥孙谋，以燕翼子。"言丰德泽，明礼法，以遗后世而安固之也。故能子孙承统八百余年，其支庶犹为天下之显，诸侯棋布于海内。其为利岂不大哉！

| 今译 |

作为祖辈，没有不希望能够造福后代子孙的。但是，能够真正造福子孙后代的，却很少。为什么这样说呢？因为今天那些为后代子孙谋求福利的人，只懂得多积累钱财留给他们。田地阡陌连绵，房产、商铺遍布街巷，粮食堆满了粮仓，金银首饰装满了箱子。即便这样还嫌不够，仍然在苦苦谋求，这样他们心里面才得意地以为子子孙孙世世代代都享用不尽。但是，他们却不知道更重要的是用做人的正道来教育子孙后代，用礼法来管理家庭。他们自己几十年辛苦积累下来的财富，却被子孙在短时间内就挥霍殆尽，而且子孙还反过头来嘲笑他们愚蠢，不知道享受，甚至还埋怨祖辈吝啬小气，对自己不好，就虐待他们。很多

子孙都是从欺骗盗窃祖辈财物开始，来满足自己的私欲，不够的时候，再向他人立券借债，打算等到祖辈死后再来还债。仔细考察这些子孙们的心思，就发现他们只是害怕长辈长寿。更有甚者，长辈有病不但不给他治疗，反而暗中下毒。这样一来，那些原来想着为后辈谋求利益的长辈们，不但助长了子孙的恶行，也给自己招来了杀身之祸。先前有一个士人夫，他的先人也是本朝名臣，家里非常富有，但却非常吝啬，就连一斗米、一尺一寸的布，都要亲自经手，锁起来封存好。白天把钥匙带在身上，晚上把钥匙放在枕头下边。后来他得了重病，不省人事，他的子孙们趁机偷走他的钥匙，打开密室，找到存放财物的箱子，偷走里面的金银财宝。后来，他从昏迷中苏醒过来，马上就去摸枕头底下的钥匙，发现钥匙不见了，就愤怒地死去了。他的子孙们不但没为他的死感到伤心，反而相互争夺、藏匿财物，甚至打斗、诉讼。就连没有嫁人的女孩子也蒙着头拿着状纸，在公堂上喊冤叫屈，为自己争夺嫁妆。这些事情都沦为乡里的笑柄。究其原因，大概是这些子孙从小到大，只知道有利益，而不知道有道义的存在。生活中所必需的钱财物资，当然是人所不能没有的，但是不要过分去贪求。过分贪求钱财，很少不成为累赘的。假如子孙们真的有贤能之才，难道他们连粗食布衣都不能求得，而要冻死饿死在路边吗？假如子孙没有贤能之才，即使金银财宝堆满屋子，又有什么用呢？因此，祖父们积累财富留给子孙们，是一件多么愚蠢的事情！难道古代的圣贤们都不关心他们的子孙是贫穷还是富有的吗？有人问："那他们又是怎么做的呢？"以前的圣人留给子孙后代的是德性和礼仪，贤人留给子孙后代的是清廉和俭朴。舜出身卑微，却能够努力修养积德，终于成为帝王，他的子孙们继承了他的高尚品德，统治国家历经百代而不灭亡。周朝从后稷、公刘、太王、王季、文王开始修德积功，到了周武王的时候，终于推翻殷商，夺取了天下。《诗经》里面说："周文王遗留下伟大的谋略，保护了子子孙孙。"这是说周文王积累了恩德，申明礼法，而且传给了子孙后代，使得国家安定稳固。因此，他的子孙后代能够统治国家八百余年，而那些旁支庶子，也被分封为显赫的诸侯，遍及海内。他们留给后代子孙的利益难道不大吗？

| 简注 |

① 坊曲：市街里巷的通称。

② 囷仓：储藏粮食的仓库。

③ 箧笥：这里指大小箱子。

④ 慊慊然：不满的样子。

⑤ 施施然：徐徐而行，得意的样子。

⑥ 义方：指做人的正道，后来指家教。

⑦ 券：契据。

⑧ 处女：未出嫁的女子。

⑨ 生生之资：生活必需品。

| 实践要点 |

作为家里的长辈要留给子孙后代什么呢？是丰厚的财富，还是温良敦厚的家风。这一则故事很明显告诉我们是后者。如果家长看重的是钱物，那么子孙也会受到影响，从小耳濡目染，就容易起一颗争利之心，甚至还要为了一点利益去谋害亲情。可是，钱也不是没有用处，特别是今天的商业社会中，财富有举足轻重的作用。《易经》讲"厚德载物"，没有好的德行，是守不住那些财富的。在这个意义上，留给子孙最好的财富就是优良的家风家教，他只要有好的品德，他就能创造财富，守住财富，用好财富。

【2】孙叔敖①为楚相，将死，戒其子曰："王数封我矣，吾不受也。我死，王则封汝，必无受利地。楚越之间有寝邱者，此其地不利而名甚恶，可长有者唯此也。"孙叔敖死，王以美地封其子。其子辞，请寝邱，累世不失。

| 今译 |

孙叔敖担任楚国的宰相，他临终的时候告诫儿子说："楚王多次要给我封地，但我都不接受。我死了之后，楚王就会赐封土地给你们，你们千万不要接受肥沃的土地。楚越之间有一个地方叫寝邱的，那里的土地贫瘠而且地名也不好听，能够长期拥有的土地，只有它了。"孙叔敖去世后，楚王果然要把一块很好的地赐给他的儿子，他的儿子坚决不要，而向楚王请求赐封寝邱，结果好几代人都保有这一块封地，而没有被人侵夺。

① 孙叔敖：春秋时楚国期思人。

福兮祸所依，祸兮福所倚。孙叔敖有一颗洞察世事的心，这世上有时候看起来是一件吃亏的事情，但到最后却能转化为一种福报。所以，有时候我们在处理生活或工作中的事务时，当不涉及大的原则问题，有时候吃一点亏也不一定是件坏事。吃亏是福，不争是一种处世智慧。

【3】汉相国萧何，买田宅必居穷僻处，为家不治垣屋①，曰："令②后世贤，师吾俭；不贤，无为势家所夺。"

汉代的宰相萧何购买田产房屋，一定会挑选位置偏僻的地方，而且他们家也从来不建造那些高宅大院。萧何说："假如我的子孙后代贤能，他们就会效仿我俭朴的作风；即便他们不贤能，田产房屋也不会被有势力的大家族夺取。"

① 垣屋：有围墙的房屋，这里指高宅大院。

② 令：假如，如果。

【4】太子太傅疏广①乞骸骨归乡里，天子赐金二十斤，太子赠以五十斤。广日令家具设酒食，请族人、故旧、宾客，相与娱乐。数问其家金余尚有几何，趣②卖以共具③。居岁余，广子孙窃谓其昆弟④、老人、广所爱信者曰："子孙冀及君时颇立产业基址，今日饮食费且尽，宜从大人所劝，说君买田宅。"老人即以闲暇时为广言此计。广曰："吾岂老悖不念子孙哉！顾⑤自有旧田庐，令子孙勤力其中，足以共衣食，与凡人齐。今复增益之，以为赢余，但教子孙怠惰耳。贤而多财则损其志，愚而多财则益其过。且夫富者，众之怨也。吾既亡，以教化子孙，不欲盖其过而生怨。"

| 今译 |

太子太傅疏广向朝廷请求告老还乡，皇帝赐给他二十斤黄金，太子又赐给他

五十斤黄金。疏广让家里人摆酒设宴，请族人、朋友和宾客一起吃饭娱乐。他好几次询问家里人黄金还剩下多少，让家里人把黄金变卖掉来置办酒席。这样过了一年多，疏广的子孙们偷偷地跟他所敬重和信任的兄弟和家族中的老人说："子孙们都希望老人还在世的时候，家里面能够置办一些产业的基础。现在每天宴请花费那么多，家里的积累都快要花完了，他应该会听从你们的劝说，你们应该劝说他置办一些田产房宅。"家族中的长者就在闲暇的时候把子孙们的意见告诉疏广。疏广说："我难道老糊涂了，不懂得为子孙们打算吗？只是家里面本来已经有田产和房屋，只要他们能够勤俭持家，就足够他们的吃喝穿戴，生活上能和普通人一样。现在再给他们增添一些家产，好像是有赢余，但是这样就容易让子孙们懒惰懈怠。即便是贤能的人，财产多了也会让他们丧失奋发向上的志向；如果是愚蠢的人，财产多了只会因为放纵而增加他们的过失。况且，有钱的人，更容易招致别人的怨恨。我没什么可以再教化子孙的，只是不愿意再去增加他们的过失，也不愿意让他们成为别人怨恨的对象。"

▎ 简注 ▎

／

① 太子太傅疏广：太子太傅，东宫官职，职掌为以道德教化太子；疏广，字仲翁，西汉东海兰陵人。

② 趣：催促。

③ 共具：摆设酒食用具。

④ 昆弟：兄与弟，这里泛指同族兄弟一辈。

⑤ 顾: 但是, 只是。

与其独乐乐, 不如众乐乐, 这是疏广对待金钱的态度, 但是它背后是疏广对于金钱容易侵蚀人性的一种警惕, 他怕自己的子孙会因为这些财富而变得懒惰懈怠, 失去奋发上进的志向。他的用心不可谓不深切良苦呀!

> 【5】涿郡太守杨震, 性公廉, 子孙常蔬食步行。故旧①长者, 或欲令为开产业。震不肯, 曰: "使后世称为清白吏子孙, 以此遗之, 不亦厚乎!"

| 今译 |

涿郡太守杨震, 秉性公正清廉, 子孙们经常是蔬食步行。杨震有些好友和同族长者, 想要为他增添家里的产业, 杨震始终不肯。他说: "让我的儿孙后代被世人称为清廉官吏的子孙, 将这样的美名留给子孙们, 这不是更厚重的家产吗?"

① 故旧：旧友。

【6】南唐德胜军节度使兼中书令周本，好施。或劝之曰："公春秋①高，宜少留余赀以遗子孙。"本曰："吾系草，事吴武王，位至将相，谁遗之乎？"

| 今译 |

南唐德胜将军节度使兼中书令周本，乐善好施。有人劝说他："您年纪已经这么大，应该多少给子孙们留下些财产。"周本回答说："我当年穿着草鞋跟随吴武王，后来官至将相，当年又有谁留下财产给我呢？"

| 简注 |

① 春秋：这里指年龄。

【7】近故张文节①公为宰相，所居堂室，不蔽风雨；服用饮膳，与始为河阳书记②时无异。其所亲或规之曰："公月入俸禄几何，而自奉俭薄如此。外人不以公清俭为美，反以为有公孙布被之诈。"文节叹曰："以吾今日之禄，虽侯服王食，何忧不足？然人情由俭入奢则易，由奢入俭则难。此禄安能常恃，一旦失之，家人既习于奢，不能顿俭，必至失所，曷若无失其常！吾虽违世，家人犹如今日乎！"闻者服其远虑。此皆以德业遗子孙者也，所得顾不多乎？

| 今译 |

最近去世的张文节公在担任宰相的时候，居住的房屋破旧不堪，无法遮蔽风雨，而穿衣吃饭，和他担任河阳书记的时候没有什么两样。他身边亲近的人就劝他说："您一个月的薪俸那么多，而自己生活却这么俭朴。外人不但不把您的清廉俭朴视为美德，反而以为你是像公孙弘那样的欺世盗名之徒。"文节感叹说："以我今天的俸禄，即使是想要王侯贵族一样的享用，又有什么难的呢？但是，我知道人从俭朴变成奢华是很容易的，但从奢华变成俭朴就很难了。我现在这样的俸禄又怎能一直持有呢？如果一旦失去了，家里人已经习惯了奢华的生活，不能习惯俭朴，那么最后必然会流离失所。何不就保持这样的生活习惯，即使我离开人世，家人们还是能够像今天一样生活。"听到他这番议论的人，心里面都非常佩服他的深谋远虑。这些都是将德业留给子孙们的做法，难道他们的子孙得到的财富不多吗？

｜ 简注 ｜

① 张文节：张知白，宋代清池人。
② 书记：在官府中主管文书的人员。

｜ 实践要点 ｜

居安乐而思困顿，这是张文节的处世智慧。快乐对于人来说是有不同层级的，在饥饿的时候有一餐饱饭会使我们快乐，在伤心失意时亲人的一个拥抱也会使我们欣慰快乐，在别人需要帮助的时候施以援手，也会使我们快乐，等等。享用珍馐美味，当然能够满足我们的口腹之欲，可是这种快乐是最低级别，当我们的生活有了一定保障，便不应当一味追求奢华，而是应该保有初心，去考虑做一些有意义的事情。况且，张文节讲得对，人们的生活从俭朴变成奢华是容易，而从奢华转变为俭朴却是困难的，何不一直保持当下的状态更为简单舒心呢？

【8】晋光禄大夫张澄①，当葬父，郭璞②为占墓地曰：“葬某处，年过百岁，位至三司，而子孙不蕃；某处，年几减半，位裁乡校，而累世贵显。”澄乃葬其劣处，位止光禄，年六十四而亡。其子孙昌炽，公侯将相，至梁陈不绝，虽未必因葬地而然，足见其爱子孙厚于身矣。先公既登侍从，常曰：“吾所得已多，当留以子孙。”处心如此，其顾念后世不亦深乎！

| 今译 |

晋朝的光禄大夫张澄要安葬自己的父亲。郭璞为他占卜墓地的时候说：“你的父亲如果葬在这里，你可以活过百岁，官可至三司，但是子孙后代却不会兴旺，如果葬在另一个地方，你的寿命将减半，而且也只能担任乡学小官，但子孙后代却会成为显贵。”张澄选择将父亲安葬在第二个地方。果然，他只做到光禄大夫，活到六十四岁就去世了，但是他的子孙却兴旺发达，官至公侯将相的，直到梁朝、陈朝的时候都有。即使这些未必是墓地的原因，但是从中可以见到张澄爱子孙胜过爱自己。先父官至侍从的时候，常常说：“我自己得到的东西已经足够多了，应该留一些福禄给子孙后代。”他考虑得这么长远，顾念后世之情不是很深厚吗！

① 张澄：张惠绍之子，南朝梁时义阳人。

② 郭璞：字景纯，晋河东闻喜人。

卷三　父母

【1】陈亢^①问于伯鱼^②曰:"子亦有异闻乎?"对曰:"未也。尝独立,鲤趋^③而过庭。曰:'学诗乎?'对曰:'未也。''不学诗无以言。'鲤退而学诗。他日,又独立,鲤趋而过庭。曰:'学礼乎?'对曰:'未也。''不学礼无以立。'鲤退而学礼。"闻斯二者,陈亢退而喜曰:"问一得三,闻诗,闻礼,又闻君子之远其子也。"

| **今译** |

陈亢向孔子的儿子伯鱼问道:"夫子他老人家教导你和教导我们有没有什么不同?"伯鱼回答说:"没有。他曾经一个人站立在中庭,我见到快步走过中庭。他问我说:'学习诗没有?'我回答说:'没有。'他说:'不学习诗就不懂得说话。'于是,我就退下去学诗。过了几天,他又一个人站立在中庭,我又快步走过,他问我说:'学礼了没有?'我回答说:'没有。'他说:'没有学习礼就不懂得在社会立足的根据。'于是,我又退下去学礼。我在父亲那里只听到这两个。"陈亢回去非常高兴:"我问一件事,却知道了三件事。知道了要学诗,知道了要学礼,还知道了君子对待儿子应该要有的态度。"

简注

/

① 陈亢：字子元，一字子禽，孔子弟子，春秋陈国人。

② 伯鱼：孔鲤，孔子的儿子，春秋鲁国人。

③ 趋：小步快行，表示恭敬。

实践要点

/

首先，我们看到孔子那一颗不偏不倚的公心，不会因为对象是自己的儿子还是学生而有所保留。这里面有两个教育的主题，一个是礼仪，另一个是诗歌。礼仪在《温公家范》中表现非常多，我们在其他地方再另外讨论。但是，诗的教育非常重要，对我们今天的家庭教育来讲也是极具参考价值的。

《诗经》是中国古代第一本诗歌总集。在孔子之前《诗经》里面的内容已经存在，而我们今天见到的《诗经》是经过孔子本人的删减、编集而成。这说明孔子本人非常熟悉当时各种类型的诗歌，既有关于国家政治生活时使用的，也有普通民众在劳动和生活过程中歌咏的。孔子当时见到的《诗经》并不像我们今天见到的只有文字，它们实际上是有乐谱的，是可以歌唱、抒发胸臆的。孔子告诉伯鱼"不学诗，无以言"，如果一个人不学诗，他就不会说话了。"说话"是一种言辞，当然涉及表达时语辞的拿捏。因为说话涉及不同的言说对象，语辞的准确拿捏意味着你所有的表达都是针对言说对象来进行的，这样就不会说"错"话。人与人之间关系相处的关键在于沟通，沟通在于表达和倾听，而最主要的方式就是说话。

　　言辞是外显看得见的东西，情感是内在看不见的东西，要让这两者恰如其分地发生关联，是需要在现实生活不断重复训练的。言辞恰如其分的表达不是我们生下来就会的，它需要后天的操练。而诗歌的学习和歌咏是最好的方式。"歌以咏志，诗以传情"，歌诗是情志的表达。诗歌的创作大多是有感而发，或者是快乐的场景，或者是悲伤、忧郁的场景。但无论是哪一种情形，诗歌中都蕴藏着丰沛的情感，我们通过歌咏可以感受到这不同的情感，并且学习这种情感的表达。因为诗歌中不仅有情感，而且有言辞。这就是一种同感的能力，它的基础是我们每个人都拥有一种同感的想象力（empathic imagination）。这个词所要表达的是一种感同身受的能力，只要我们反思我们的生活经验，这一点想必都能够感受到。因此，诗歌的学习在我们每个人的人格成长过程中就显得非常重要，因为学会准确表达、恰如其分地说话是处理人际关系的起点，而诗歌的学习是最好的操练方法。因此，熟悉诗歌的孔子必然是一个情感表达的高手。另外，我们看《论语·乡党》篇中所描写的孔子生活中的种种细节，动作旋转、言辞运用无不自如得体，而且，我们不要忘记《论语》这本书的体裁就是语录体，整本书几乎都是孔子与弟子之间的对话。就此来看，孔子的的确确就是一个说话高手，他懂得怎么说话、表达情感。

　　儒家所讲的伦理关系其实就是情感的遍润与互动，如何传递情感是需要训练的，歌诗就是最好的训练。除了诗歌，一些可以培养人柔软之心的寓言、散文、小说等文学作品也是极好的，但是关键在于父母要抽出自己的时间来参与到自己孩子的生命中，一起去阅读，一起去讨论，一起去成长。而不是坐在沙发上看着手机，然后对小孩子指指划划，这是极糟糕的事情！

【2】曾子①曰："君子之于子，爱之而勿面，使之而勿貌，遵之以道而勿强言；心虽爱之不形于外，常以严庄莅之，不以辞色悦之也。不遵之以道，是弃之也。然强之，或伤恩，故以日月渐摩②之也。"

| 今译 |

/

曾子说："君子对待自己的子女，喜爱他们，却不表露在脸上；差使他们也不在容貌上露出声色；让他们遵从道理来做事情，而不勉强他们。心里面即使很喜爱他们，却不表露在外边，对待他们要严肃庄重，不要和颜悦色来讨他们喜欢。不教导子女遵从道理做事情，就是放弃了他们。但是，如果一味强迫他们做，又会损伤父子之间的情义，因此，对待子女要靠平时言传身教，慢慢去感化教导他们。"

| 简注 |

/

① 曾子：名参，字子舆，孔子的学生，春秋鲁国人。
② 渐摩：教育感化。

这一条讲儒家教育中的身教。身教是要以自身的行动去教育感化别人，落实到家庭教育中，这是要求父母必须做好子女的榜样。儒家不是野蛮地要求子女对父母的绝对顺从，而是要求父母必须成为子女在德性生命成长过程中的导师。我们看到上面曾子所说到的智慧，既保持家长的威严，又能慈爱子女们，关键还能让子女们对自己的教导感觉到快乐。儒家的传统教育，是尽量避免与孩子有肢体接触，而对于爱意的表达也是羞涩的，所以，曾子这里说喜爱孩子不应当表露在自己的脸上，这其实是担心父子之间会产生一种简慢之心，儿子会对父亲有一种怠慢的态度。这当然不无道理。但是，让孩子们能够看到父母对他们的爱，对于增进亲子之间的感情也是很重要的。我们在学习古人的育子智慧时，可以有所调整，把我们对孩子的爱更好地表达出来，通过言语的鼓励、肢体的接触和拥抱，让他们感受到我们的爱是真真切切的。

【3】北齐黄门侍郎颜之推①《家训》曰："父子之严，不可以狎②；骨肉之爱，不可以简③。简则慈孝不接，狎则怠慢生焉。由命士以上，父子异宫，此不狎之道也；抑搔痒痛，悬衾箧枕，此不简之教也。"

北齐黄门侍郎颜之推在他写的《家训》中说："父子之间应该有威严，不能够过分亲热，骨肉之间的感情不能够简慢。如果简慢，父子之间的慈爱与孝顺，就很难形成，如果过分亲热，儿子就容易对父亲生出怠慢之心。因此，古人规定做官的人家，父子应该分开居住，这是让父子之间不要过分亲昵的方法。而儿子为父亲按摩病痛，收拾被褥枕头，这些都是教育儿子不要对父亲生出简慢之心的办法。"

| 简注 |

① 颜之推：字介，北齐琅琊人，作《颜氏家训》。

② 狎：过分亲昵。

③ 简：简慢，怠慢。

【4】石碏谏卫庄公曰："臣闻爱子教之以义方，弗纳于邪。骄奢淫逸，所自邪也。四者之来，宠禄过也。"自古知爱子不知教，使至于危辱乱亡者，可胜数哉！夫爱之，当教之使成人。爱之而使陷于危辱乱亡，乌在其能爱子也？人之爱其子者多曰："儿幼，未有知耳，俟其长而教之。"是犹养恶木之萌芽，曰俟其合抱而伐之，其用

力顾^①不多哉？又如开笼放鸟而捕之，解缰放马而逐之，曷若勿纵勿解之为易也！

▎ 今译 ▎

/

　　石碏劝谏卫庄公说："臣下听说父亲疼爱子女是要教给他们做人的正道，不让他们走上邪路。骄横奢侈，荒淫放纵，就会走上邪路。骄奢淫逸这四种恶习，就是因为过分宠爱才会产生的。"自古以来，许多父亲都知道疼爱子女，却不知道要教育子女，以至于最后危害他人、自取灭亡的事情，真是不胜枚举！疼爱子女，就应该教育他们，培养他们真正成人。疼爱他们，却让他们陷入危辱乱亡之中，这怎么能算得上是真的疼爱他们呢？那些疼爱自己子女的人常说："孩子太小，还没有什么认知，等到长大以后再教他吧。"这就好像是养了一棵不好的树木，它已经萌芽了，但非等说要等到它长得粗壮之后再去砍伐它，那样花费的力气不是更多吗？这也像打开鸟笼，把鸟放飞，然后再去捕捉它；解开缰绳放走马，然后再去追回它。这哪有事先不要放纵他来得简单容易呢？

▎ 简注 ▎

/

① 顾：反而，难道。

疼爱与溺爱是两个完全不同的概念。上面我们讲要通过言语的激励或者肢体的拥抱来表达对子女的爱，让亲子之间的爱能够更容易传递。这是指一种真诚而有分寸的爱，而不是溺爱，后者容易让子女产生骄横奢侈、荒诞放纵的心。如果带着这种心去工作生活，容易产生一种唯我独尊的精致的利己主义姿态，觉得整个世界应该围着自己转，他不懂得去尊重别人，从来不知道自己的过失和不足，因为在家庭生活中，父母亲从来没有教他，他也从来不知道去尊重自己的父母，更遑论其他人了。

【5】《曲礼》："幼子常视毋诳。立必正方，不倾听。长者与之提携①，则两手奉长者之手。负剑②辟咡③诏之，则掩口而对。"

| 今译 |

《曲礼》说："平时要教育小孩子不说谎话，站立要端正，不要做侧着头去听说话的样子。如果长辈想要搀扶的时候，一定要伸出两只手捧着长辈的手，表示尊重。如果长辈俯身从旁耳语，要用手遮口，然后回答。"

① 提携：搀扶，扶持。

② 剑：怀抱小孩之状。

③ 辟咡：侧着头交谈。

| 实践要点 |

教育要从娃娃抓起，良好的生活习惯是潜移默化的，从视听言动出发，告诉孩子们什么事情应该做，什么事情不应该做，这是最简单的为人处世之道，也是最直截的。

【6】《内则》："子能食食，教以右手。能言，男唯女俞。男鞶革，女鞶丝。六年，教之数与方名；七年，男女不同席，不共食；八年，出入门户及即席饮食，必后长者，始教之让；九年，教之数日。十年，出就外傅，居宿于外，学书计。十有三年，学乐、诵诗、舞勺。成童①，舞象、学射御。"

/

《礼记·内则》中讲:"小孩子能吃饭的时候,就教他用右手取食。小孩子能说话的时候,就教给他们如何回答长辈的教导,男孩子要答'唯',女孩子要答'俞'。身上的佩囊,男孩子用的是皮制的,女孩子用的是丝织的。孩子到了六岁的时候,就要教给他们数目和方位的名称。到了七岁的时候,男孩子女孩子就开始不同席共坐,不在一起吃饭。到了八岁的时候,就要教导他们出入门户和入席饮食的时候,必须要在长辈的后面,开始教他们谦恭礼让。到了九岁的时候,就要教给他们如何数日子,懂得初一十五、天干地支。男孩子到了十岁的时候,就要外出求学,在外面居住,跟老师学习文字和计算。到了十三岁的时候,开始学习音乐,诵读《诗经》,学习勺舞。到了十五岁成童的时候,开始学习象舞,学习射箭和驾驭马车。"

| 简注 |

/

① 成童:十五岁以上的儿童。

| 实践要点 |

/

这一条讲两个内容,一个是男女之别基础上的角色教育,另一个是教育的内容基于生命成长的不同历程而发生变化,后者有点类似于皮亚杰的儿童成长心理学理论。不过，它们都不是从知识技能，而是从德性伦理，即如何使生活更加美好的期许角度来进行教育的。

古人倡导对男女进行不同的角色教育。男孩子十岁以后就要外出去学习治家治国的知识，而女孩子则在家里学习女红，学习如何和顺家庭的知识。很多人要反驳：为什么必须是男主外女主内，而不能是男主内女主外呢？不要急。从家庭的构成来看，必须是有男女两种性别，所谓独阳不生，孤阴不长。当然，也不一定是实际意义上的男性与女性，而是一个家庭中必须要有阳刚的男性力量，主导家庭外部事务以及保护家庭安全；一个家庭中必须要有阴柔的女性力量，主导家庭内部事务的解决。即使今天的同性恋者组成的家庭，他们也要各自扮演丈夫与妻子、父亲与母亲的角色，他们也是有分工的。有分工意味着有不同的角色。我们对男女的角色定位可以随着时代的发展而变化，可是它总有某些内容是相对稳定的，这一部分取决于男性与女性生理意义上的自然天性的区别，另一部分则取决于社会的整体期待。搞清楚这一点，我们要对角色有更清晰的了解。

基本上，我们每个人有不同的身份，也就有不同的角色。你会发现这些身份其实不是固定的，这些角色总是在不同的生活场景中变换，可是，有一些身份是我们无法任意更改的。如果你选择成立家庭，那么一个男性作为丈夫、父亲、儿子，一个女性作为妻子、母亲、女儿的身份是无法任意更换的，它不像我们选择职业一样。只要我们生在世上，这些伦理角色就是我们无法逃遁于天地之间的。我们把这些角色称之为我们生命中的构成性角色，如果丢弃了这些角色，我们便已经不是我们了。在这个意义上，一个男人学习做一个丈夫、父亲、儿子，一个女人学习做一个妻子、母亲、女儿，难道不是我们须臾不可离开的事情吗？这就是古人讲的不同的角色教育。这些教育教授的不是一些具体的技能性的知识，它并不是我们谋生的工具，而是告诉你如何成为一个丈夫、父亲、儿子，如何成为一个妻子、母亲、女儿，所以，对女性所从事的职业，可以持一种开放的态度。可是，如果一个女人选择成立家庭，那么做一个称职的妻子、母亲、女儿一定是她的重要角色，同样的道理，男人也是一样的。当然，男人与女人在成年前所学的不同知识其实是根据他们在美好生活中的不同角色定位所进行设置的。

【7】曾子之妻出外，儿随而啼。妻曰："勿啼！吾归，为尔杀豕①。"妻归，以语曾子。曾子即烹豕以食儿，曰："毋教儿欺也。"

| 今译 |

曾子的妻子外出办事，儿子跟着她边走边哭。妻说："别哭，等我回来杀猪给你吃。"妻子回来后，把这件事告诉曾子。曾子就杀猪煮肉给孩子吃，他说："我这样做是教育儿子做人不能骗人。"

| 简注 |

① 豕：猪。

/

父母是小孩的第一任教师，对父母的模仿是小孩学习的开始，曾子深谙此理，所以，他通过实际行动来告诉孩子诚信是为人之本。

【8】贾谊①言："古之王者，太子始生，固举以礼，使士负之，过阙②则下，过庙则趋，孝子之道也。故自为赤子③，而教固已行矣。提孩有识，三公三少④，固明孝、仁、礼、义。以道习之，逐去邪人，不使见恶行。于是皆选天下之端士⑤、孝弟、博闻、有道术者，以卫翼⑥之。使与太子居处出入。故太子乃生而见正事，闻正言，行正道，左右前后皆正人也。夫习与正人居之，不能毋正。犹生长于齐，不能不齐言也；习与不正人居之，不能毋不正，犹生长于楚，不能不楚言也。"

| 今译 |

/

贾谊说："古代的帝王，在太子刚出生的时候，就用合乎礼法的行动来给他做示范，让人抱着他，经过宫阙的时候就要下来，经过庙堂的时候就要小步快走，这是要教导他做孝子的道理。因此，教育是从婴孩的时候就已经开始进行了。等到有智识的时候，就要请三公三少给太子讲明孝、仁、礼、义等道理，通过好的方法来让他习熟这些德行，把那些心术不正的小人赶走，不让他见到坏人恶行。然后聘选天下品行端正、孝悌而又学识渊博有道术的人，来辅佐太子，让他们与太子出入同行。这样，太子一生下来所看到的都是符合德行的事情，听到的都是符合德行的话，走的都是符合德行的路。因为他的周围都是品行端正的君子。这道理很简单，一个人每天都和正人君子生活在一起，那么他不可能不成长为一个品行端正的君子。这就好像从小生活在齐地，不可能不会说齐地的方言。如果每天都和品行不端正的人生活在一起，那么他也不可能成长为一个品行端正的人。这就像一个人生活在楚地，他不可能不会讲楚地的方言。"

| 简注 |

① 贾谊：西汉政论家、文学家。

② 阙：宫殿祠庙和陵墓前的高建筑物。

③ 赤子：这里指初生的婴儿。

④ 三公三少：指太师、太傅、太保和少师、少傅、少保。

⑤ 端士：端庄正直之士。

⑥ 卫翼：辅佐。

/

近朱者赤近墨者黑，身边人的一言一行都对小孩子有莫大影响，因此，从小要慎重对待小孩所交往的朋友，《论语》中所谓"无友不如己者"是也。

【9】《颜氏家训》曰："古者圣王，子生孩提，师保①固明仁孝礼义，道习之矣。凡庶纵不能尔，当及婴稚②，识人颜色，知人喜怒，便加教诲，使为则为，使止则止。比及数岁，可省笞③罚，父母威严而有慈，则子女畏慎而生孝矣。吾见世间，无教而有爱，每不能然。饮食运为④，恣其所欲，宜诫翻奖，应呵⑤反笑，至有识知，谓法当尔。骄慢已习，方乃制之，捶挞至死而无威，忿怒日隆而增怨。逮于长成，终为败德。孔子云'少成若天性，习惯如自然'是也。谚云：'教妇初来，教儿婴孩。'诚哉斯语！"

| 今译 |

/

《颜氏家训》说："古代的圣王，在小孩子出生很小的时候，就会委派少师少保来负责教授仁孝礼义各种德性。普通百姓虽然不能和皇家一样，但也应该在小孩子能够察识人的脸色，了解人的喜怒的时候，就要对他进行教育，告诉他该做什么的时候就去做什么，不该做什么的时候就不要去做什么。这样等他再长大几岁的时候，就可以不用去责打他，这时父母亲既有威严又有慈爱，而子女也会因为对父母亲的敬畏谨慎而产生孝敬之心。但我看到这世上有许多人都做不到这些事情，只知道溺爱自己的小孩子而不懂得去教育他们。小孩子的饮食行为，都放任其随心所欲，本来做得不对应该训诫他的时候反而去夸奖他，应当诃责他的时候反而又一笑而过，等孩子长大懂事后，还以为理法就是这样的。这时候骄慢的习惯已经养成，家长们才想到要来管教他，但是就算打死他也不能树立家长的威信，孩子的愤怒情绪却一天天旺盛，反而增加了他的怨恨。这样等到孩子们长大成人了，他们的德行终究是不好的。孔子说：'小时候形成的习惯就好像天性一样，习惯会成为自然。'讲得非常有道理！俗话说：'教育媳妇要从她刚嫁来的时候开始，教育孩子要从他还是婴儿的时候开始。'这句话说得实在太好了！"

| 简注 |

① 师保：这里指三公三少。

② 婴稚：泛指婴儿及孩童。

③ 笞：用竹板、木杖、藤条责打。

④ 运为：运动作为。

⑤ 诃：怒责。

这一条还是讲小朋友的教育要从小抓起，让他养成良好的习惯，所谓"习惯成自然"是也。这里面讲当时有些家长溺爱小孩，在小孩子的饮食行为上，放任其随心所欲，反观我们现在，这种情况难道不是司空见惯吗？小孩子喜欢吃的东西，就拼命放在他面前，他稍微不喜欢吃的东西从来不敢要求他吃，这很容易放纵他，让他无法无天、随心所欲，这样长大之后，依然是不会去尊重别人，因为他连吃饭都不守规矩。

【10】凡人不能教子女者，亦非欲陷其罪恶；但重于呵怒，伤其颜色，不忍楚挞惨其肌肤尔。当以疾病为喻，安得不用汤药针艾救之哉？又宜思勤督训者，岂愿苟虐于骨肉乎？诚不得已也。

王大司马①母魏夫人，性甚严正。王在湓城，为三千人将，年逾四十，少不如意，犹捶挞之，故能成其勋业。

| 今译 |

那些不能好好教育子女的人，也不是存心要把子女陷入罪恶之中；只不过是不愿意让子女因为自己的责骂而脸色不好看，不忍心责打子女，让他们皮肉受苦

而已。我们用人生病来做个比喻，人生病的时候难道会不用汤药、针灸、艾灸来进行救治吗？我们反过来想想那些勤于督促训导孩子的人，难道他们愿意虐待自己的亲生骨肉吗？那实在是不得已才这样做的啊！

大司马王僧辩的母亲魏太夫人，她的品性很严正。王僧辩在溢城担任重要的军职，当时他已经四十多岁了，但是他稍微做的不对，魏太夫人还是要责打他，这样才帮助王僧辩最终建立起自己的功业。

| 简注 |

① 王大司马：即王僧辩。南朝梁祁人，孝元帝时任大都督，累功至太尉。

| 实践要点 |

常言道：慈母多败儿。魏老夫人则是严母的代表，这种严是基于她知书守礼的智慧，所以她的棍棒下面能成就儿子的一番伟业。

【11】梁元帝时，有一学士，聪敏有才，少为父所宠，失于教义。一言之是，遍于行路①，终年誉之；一行之非，掩藏文饰，冀其自改。年登婚宦，暴慢日滋，竟

以语言不择，为周迭抽肠衅鼓云。然则爱而不教，适所以害之也。《传》称："鸤鸠^②之养其子，朝从上下，暮从下上，平均如一。"至于人，或不能然。《记》曰："父之于子也，亲贤而下无能。"使其所亲果贤也，所下果无能也，则善矣。其溺于私爱者，往往亲其无能，而下其贤，则祸乱由此而兴矣。

| 今译 |

梁元帝的时候有一个士人，他从小就聪慧敏捷有才能，很受父亲宠爱，因此家里没有很好地教育他。他只要有一句话说得有点理，他父亲一年到头逢人就夸奖他；要是有一件事做错了，他父亲就百般为他掩饰，希望他自己慢慢改正。后来他长大结婚做官以后，待人的态度日益粗暴傲慢，最后竟然因为讲话太过随便，而被周迭开膛破肚作为祭鼓的牺牲了。这样看来，如果家长对子女一味溺爱，而不懂得去教育他，这恰恰是害了孩子的。《毛传》说："鸤鸠鸟在喂养孩子的时候，早晨的时候从上往下，晚上的时候从下往上，始终做到平等对待。"但是人反倒不能这样。《礼记》说："父亲对于子女，一般都是偏爱那些有聪明才干的，而对于没有才能的就不太喜欢。"假如所偏爱的确实是德才兼备，不喜欢的确实是无能，那还没什么问题。然而，那些陷溺于狭隘的私爱中的父亲，往往会

偏爱那些无能的子女，而疏远那些德才兼备的子女，那么家里的祸乱也就从这里开始了。

| **简注** |

/

① 行路：行路的人。

② 鸤鸠：布谷鸟。

| **实践要点** |

/

这个父亲以为自己很会教人。夸奖孩子，在今天看来是所谓的鼓励教育或赏识教育一类，这是鼓励父母在教育的过程中善于发现子女的闪光点。在某种意义上，这是有道理的。但它必须在一种"恩威并济"的状态下，并且这些"闪光点"是真正的闪光点。小孩子要去鼓励他，但是涉及一些做人做事的原则时又要给他立定规则，如果胡乱夸耀他，就会让他生出"矜"心，这是要不得的。单纯的棍棒出孝子，与单纯的鼓励出才子，都会有所偏颇，应该在两者之间取得一个平衡，当奖则奖，当罚则罚。

【12】《颜氏家训》曰："人之爱子，罕亦能均。自古及今，此弊多矣。贤俊者自可赏爱，顽鲁①者亦当矜怜②。有偏宠者，虽欲以厚之，更所以祸之。"共叔之死，母实为之；赵王之戮，父实使之。刘表之倾宗覆族，袁绍之地裂兵亡，可谓灵龟明鉴。此通论也。

| 今译 |

　　《颜氏家训》说："人们爱自己的子女，很少能做到没有偏爱。从古至今，这种偏爱所带来的弊端太多了。那些聪慧懂事的孩子自然讨人喜爱，但是那些调皮鲁钝的孩子也应该去怜爱他们。那些受偏爱的孩子，虽然父母是想让他们更好，但事实上却害了他。"共叔的死，实际上就是因为他母亲太过宠爱造成的；赵王的死，也是他父亲太过宠爱的结果；刘表和袁绍最终家破人亡，都可以作为前车之鉴。这都是具有普遍性的道理呀！

| 简注 |

① 顽鲁：愚顽鲁钝，愚蠢笨拙。
② 矜怜：怜悯爱惜。

　　亲爱自己的子女，应当有一颗不偏不倚的公心。孩子的心是敏感的，他们很容易感受到父母爱的偏倚，尽管很多时候并不是父母有意为之。特别是国家放开二胎政策后，在决定怀二胎之前，最好能让现在的孩子参与到这个家庭决定中，对他的心理进行抚慰、按摩，得到孩子的支持。而对于那些已经有多个小孩的家庭来讲，年长的哥哥姐姐当然应该承担起照顾弟弟妹妹的责任。但这是对年长的子女来讲的，父母亲不能够因此而忽视年长的子女，相反，应该适时倾注多一些的关爱在他们身上。可是父母亲总是因为他们年长而认为他们不需要爱，这往往会给他们带来不好的心理感受，也容易造成家庭之间的不和睦。

　　【13】曾子出其妻，终身不取妻。其子元请焉，曾子告其子曰："高宗①以后妻杀孝己，尹吉甫②以后妻放伯奇。吾上不及高宗，中不比吉甫，庸③知其得免于非乎？"

| 今译 |

　　曾子休掉了他的妻子，终身没有再娶。他的儿子曾元请求自己的父亲再娶，曾子告诉他的儿子说："殷朝高宗武丁因为后妻的谗言，杀害自己的儿子孝己；

周宣王时的贤臣尹吉甫也因为娶了后妻的缘故，放逐了自己的儿子伯奇。我既比不上殷高宗，也比不上尹吉甫，怎么能保证娶了后妻而不发生祸乱呢？"

| 简注 |

① 高宗：即武丁，商朝第二十三代国君，庙号"高宗"。

② 尹吉甫：周宣王时贤臣。

③ 庸：岂，怎么。

【14】后汉尚书令朱晖①，年五十失妻。昆弟欲为继室。晖叹曰："时俗希不以后妻败家者。"遂不娶。今之人年长而子孙具者，得不以先贤为鉴乎！

| 今译 |

后汉尚书令朱晖，他五十岁的时候妻子去世了。兄长想为他续弦，他叹息道："现在没因为娶后妻而败家的人太少了！"于是他不再续娶。如今那些年事已高且子孙满堂的人，难道不应该以先贤为榜样吗？

① 朱晖：字文季，后汉时南宛人。

【15】《内则》曰："子妇未孝未敬，勿庸疾怨，姑① 教之。若不可教，而后怒之。不可怒，子放妇出而不表 礼②焉。"君子之所以治其子妇，尽于是而已矣。

| 今译 |

《礼记·内则》说："儿媳妇不孝顺不恭敬，不用去怨恨她，暂且耐心去教 育。如果实在不听，然后再去责怒她。如果责怒了也不改正，就让儿子把媳妇休 掉，但不向外人表明她违背了礼仪的过错。"君子对待儿媳妇的方法，只是这样 而已。

| 简注 |

① 姑：姑且，暂且。

② 不表礼：表，明。不表明其违背礼仪的过错。

不教而诛，实在不是君子的所为。在家庭中，父母应该获得最足够的尊重，因为他们为经营这个家庭而费尽自己的心血。子女或儿媳、女婿可能有做得不够的地方，父母不是要去发怒，这是德行不够的表现，而是要先去教。用自己的一颗诚心去感动他们，特别是儿媳和女婿，他们与自己没有血缘关系，缺少一份天然的亲近性。因此，对他们更加需要一颗不偏不倚的公正心，就事而论事，我们应当做到廓然大公、物来顺应，像镜子一样，该怒则怒，但又不可以迁移自己的怒气、怨气，这是为人父母应该了解的。你再看父母的心，是多么的柔软啊！即使把儿媳驱逐出家门，也不向外人透露她违背礼法的地方。这绝对不是什么家丑不可外扬的心理，而是父母担心他们在外面被人指手画脚、抬不起头，父母的心为我们如此考虑，作为子女，我们又怎么可以不去体贴父母这样一颗柔软和充满爱的心呢！

【16】今世俗之人，其柔懦者，子妇之过尚小，则不能教而嘿①藏之。及其稍著，又不能怒而心恨之。至于恶积罪大，不可禁遏，则喑呜②郁悒，至有成疾而终者。如此，有子不若无子之为愈也。其不仁者，则纵其情性，残忍暴戾，或听后妻之谮，或用嬖宠③之计，捶扑过分，弃逐冻馁，必欲置之死地而后已。《康诰》称："子弗祗服厥父事，大伤厥考心；于父不能字厥子，乃疾厥子。"谓之元恶大憝，盖言不孝不慈，其罪均也。

今天的世俗之人，那些柔弱怯懦的父母辈，在子女的过错还小的时候，不能及时教导他们，而是去掩藏这些过错。等到他们的过错越来越大的时候，父母又不去发怒责备他们。等到罪大恶极，不能遏制的时候，父母亲就忧愁苦闷，甚至积郁成疾而病故。如果是这样，有子女还不如没有子女的好。而那些没有仁爱之心的父亲，放纵自己的情性，残忍暴戾地对待自己的子女，有的听信后妻的谗言，有的则用嬖妾的计谋，过分捶打自己的子女，或者把子女赶出家门，让他们挨饿受冻，必欲置之死地才肯罢休。《康诰》说："子女不能孝顺父亲，就会大大伤害父亲的心；父亲不能够养育他的子女，这就是仇恨自己的子女。"这样的人可以称之为大恶人。这段话大概是说子女不孝顺和父亲不慈祥，他们的罪错同样大。

① 嘿：通"默"。

② 喑呜：悲鸣，啼泣无声为喑，叹伤为呜。

③ 嬖宠：被宠爱的人。

【17】为人母者，不患不慈，患于知爱而不知教也。古人有言曰："慈母败子。"爱而不教，使沦于不肖，陷于大恶，入于刑辟，归于乱亡。非他人败之也，母败之也。自古及今，若是者多矣，不可悉数。

作为母亲，不怕不慈爱，怕的是只知道疼爱子女而不懂得去教育他们。古人说过："慈母败子。"一个母亲溺爱子女却不能教育他们，让子女沦为品行不端之人，陷于大恶行中，最终受到刑罚，自取灭亡。这并不是别人陷害了他，而恰恰是自己的母亲害了他。从古到今，这样的例子太多了，数都数不过来。

【18】周大任①之娠②文王也，目不视恶色，耳不听淫声③，口不出敖言④。文王生而明圣，卒⑤为周宗。君子谓大任能胎教。古者妇人任子⑥，寝不侧，坐不边，立不跸⑦，不食邪味，割不正不食，席不正不坐，目不视邪色，耳不听淫声，夜则令瞽⑧诵诗，道正事。如此，则生子形容端正，才艺博通矣。彼其子尚未生也，固已教之，况已生乎！

/

周文王的母亲怀周文王的时候，眼睛不看不好的颜色，耳朵不听不好的音乐，嘴里不说戏谑玩笑的话。因此，周文王生下来就是贤明圣人，最终成功开创了周王朝。有德的君子认为这是文王的母亲在怀孕的时候已经进行胎教的结果。古代的妇女在怀孕的时候，睡觉不侧卧，不在靠边的地方坐，从不一只脚站立，不吃乱七八糟的东西，食物切得不正不吃，席子铺得不正不坐，眼睛不看不好的颜色，耳朵不听不好的音乐，晚上让乐官吟诵诗歌，谈论正事。这样，生下的孩子相貌体形端正，才能出众。他们的孩子还没有出生，就已经开始教育了，就不用说出生以后了！

| **简注** |

/

① 周大任：即太任，周文王之母。

② 娠：怀孕，怀胎。

③ 淫声：古称郑、卫等国的俗乐为淫声，区别于传统的雅乐。后来泛指浮华的靡靡之音。

④ 敖言：嬉戏之言。

⑤ 卒：终于。

⑥ 任子：怀孕。

⑦ 跸：单足站立。

⑧ 瞽：眼瞎。古代以瞽者为乐官。

这讲的是胎教，古人非常重视，并不是我们今天才有。不过，我们今天教的是一些技能性的东西，希望小孩子出生以后可以更好更快掌握一些知识，赢在起跑线上。可是，古人的胎教，所教的是礼。所谓"寝不侧，坐不边，立不跸，不食邪味，割不正不食，席不正不坐，目不视邪色，耳不听淫声，夜则令瞽诵诗"，是要让胎儿感受到天理正道。这真的是极大的区别，主要还是现代人和古代人对于美好生活核心构成要素的认定不同。厚德载物，没有德行，再好的技能、知识和财富即使你得到了，也守不住。

【19】孟轲之母，其舍近墓，孟子之少也，嬉戏为墓间之事，踊跃筑埋。孟母曰："此非所以居之也。"乃去，舍市傍①，其嬉戏为衒卖②之事。孟母又曰："此非所以居之也。"乃徙，舍学官之傍，其嬉戏乃设俎豆③揖让进退。孟母曰："此真可以居子矣！"遂居之。

孟子幼时问东家杀猪何为，母曰："欲啖汝。"既而悔曰："吾闻古有胎教，今适有知而欺之，是教之不信。"乃买猪肉食。既长就学，遂成大儒。彼其子尚幼也，固已慎其所习，况已长乎！

/

　　孟轲的母亲，他们家靠近墓地，孟子小时候就经常玩些下葬哭丧的游戏，特别喜欢筑墓埋坟。孟子的母亲就说："这里不适合居住。"于是将家搬走，迁居到集市旁边，于是孟子又以学习商贩吆喝叫卖为游戏。孟母又说："这里也不适合居住。"于是又举家迁徙，搬到学校旁边，这个时候孟子就玩些祭祀、揖让、进退这方面的礼仪游戏。孟母高兴地说："这里才是居住的好地方！"于是就在这里定居。

　　孟子小时候问母亲邻居为什么要杀猪，母亲回答说："为了给你肉吃。"说完又后悔了，心想："我听说古人就非常重视胎教，现在孩子刚懂事，我就欺骗他，这是教他不讲信用呀。"于是，孟母就买了猪肉给孟子吃。孟子长大后读书学习，终于成为博学多才的大学问家。这是因为孟母在孩子小的时候，就认真谨慎培养儿子的习惯，更何况在他长大以后呢？

| 简注 |

/

① 市傍：市场附近。

② 衒卖：兜售商品。

③ 俎豆：祭祀用的器具。

母亲在家庭教育中所扮演的角色非常重要。这一点可以得到现代西方儿童心理学的确证，小孩子在认知这个世界的时候最先模仿的是自己的母亲，因为他最开始是通过接触母亲的毛发、身上的气味来建立起对这个世界的感受。这里两则故事，一则是孟母三迁，为的是培养孟子向学的志向。另一则是言传身教，教孟子诚信的德行。孟母对于孟子的成就所起到的作用真的是非常大，她也懂得教育的方法。

【20】汉丞相翟方进①继母随方进之②长安，织履，以资方进游学。

| 今译 |

汉代的丞相翟方进求学的时候，他的继母跟随他到长安，靠编草鞋赚钱来资助方进拜师求学。

| 简注 |

① 翟方进：字子威，汉朝上蔡人。

② 之: 动词, 到……去。

／

这条一个是讲继母对于子女的爱, 虽然不是己出, 也是竭力拉扯, 人与人之间的爱并不只是一种动物性, 也是一种后天的情感培养和感动; 另外一个是讲对教育的重视, 所谓"再苦不能苦孩子, 再穷不能穷教育"是也。

【21】晋太尉陶侃①, 早孤贫, 为县吏番阳, 孝廉范逵尝过②侃, 时仓卒无以待宾。其母乃截发, 得双髲③以易酒肴。逵荐侃于庐江太守, 召为督邮, 由此得仕进。

| **今译** |

／

晋代太尉陶侃, 从小丧父, 家里很穷, 他担任番阳县吏的时候, 孝廉范逵曾来家里探访。时间仓促, 家里一时拿不出东西招待客人, 他的母亲就剪掉头发, 用头发换来酒肴招待客人。后来, 范逵向庐江太守推荐陶侃, 太守就任命陶侃为督邮, 陶侃从这里开始仕途才得以进升。

/

① 陶侃：东晋庐江浔阳人。

② 过：探访。

③ 髲：假发。

【22】后魏钜鹿魏缉母房氏，缉生未十旬，父溥卒。母鞠育①不嫁，训导有母仪②法度。缉所交游，有名胜③者，则身具酒馔。有不及己者，辄屏卧④不餐，须其悔谢乃食。

| 今译 |

/

后魏时候钜鹿魏缉的母亲房氏，魏缉出生不到百天，他的父亲魏溥就去世了。魏缉的母亲为了养育魏缉，不再改嫁，她教育孩子的时候表现出做母亲的礼仪典范。魏缉结交的朋友来家里做客，如果是名声好的，魏母就亲自准备酒食，款待客人；如果是品德修养差的，她就退避而卧，不出来吃饭，一定要儿子表示悔恨，向她谢罪，才肯吃饭。

① 鞠育：抚养。

② 母仪：为母者的典范。

③ 名胜：这里指名流。

④ 屏卧：退避而卧。

实践要点

勿友不如己者，对于朋友的选择，父母要把关，但也不能替子女决定。把关的对象是德性，而不是家世、相貌、性别、年龄这些外在的东西。

> 【23】唐侍御史赵武孟，少好田猎，尝获肥鲜以遗母。母泣曰："汝不读书，而田猎如是，吾无望矣！"竟不食其膳。武孟感激勤学，遂博通经史，举进士，至美官。

今译

唐代侍御史赵武孟，少年的时候喜欢打猎，有一次他捕获了一些新鲜肥美的猎物，献给母亲。他的母亲不但没有高兴，反而哭着说："你不读书，却去无休止地打猎，我没有指望了！"于是不吃饭。武孟被母亲的教诲所激励，开始勤奋学习，终于博经通史，考中了进士，做了大官。

【24】天平节度使柳仲郢母韩氏，常粉苦参、黄连和以熊胆以授诸子，每夜读书使嚼之，以止睡。

| 今译 |

天平节度使柳仲郢的母亲韩氏，常常把苦参、黄连的粉末和熊胆搅拌在一起，拿给几个儿子，儿子们每天晚上读书的时候，她就让他们把这些东西含在嘴里，防止打瞌睡。

【25】太子少保李景让[1]母郑氏，性严明，早寡家贫，亲教诸子。久雨，宅后古墙颓陷，得钱满缸。奴婢喜，走告郑。郑焚香祝之曰："天盖以先君[2]余庆，愍[3]妾母子孤贫，赐以此钱。然妾所愿者，诸子学业有成，他日受俸，此钱非所欲也。"亟命掩之。此唯患其子名不立也。

　　太子少保李景让的母亲郑氏，她的性情严肃而公正，年轻的时候就守了寡，家里面也很贫穷，她就亲自教育子女。有一次下了很长时间的雨，房子后面的老墙倒塌，露出满满的一缸钱。奴婢们发现后非常高兴，连忙跑去告诉郑氏。郑氏烧香祈祷说："这大概是因为祖先积攒下来的阴德，上天怜悯我们母子孤寡贫穷，才赐给我们这些钱。但是，我所期盼的只是孩子们学业有成，将来能够担任官职，这些钱并不是我想要的。"祈祷完后，她立刻命令奴婢将钱掩埋。郑氏这样做就是担心子女将来不能够立名。

| 简注 |

① 李景让：字后己，唐朝襄平人。

② 先君：祖先。

③ 愍：哀怜。

| 实践要点 |

　　横财容易让人心生骄横，不如读书、辛苦工作来得实在。做人应该踏踏实实，不要总是想着一夜暴富、一夜成名，好好读书，好好工作。

【26】齐相田稷子受下吏金百镒，以遗其母。母曰："夫为人臣不忠，是为人子不孝也。不义之财，非吾有也。不孝之子，非吾子也。子起矣。"稷子遂惭而出，反其金而自归①于宣王，请就诛。宣王悦其母之义，遂赦稷子之罪，复其位，而以公金②赐母。

战国时齐国的宰相田稷子接受部下送给他的一百镒金子，回家之后他把这些金子交给母亲。母亲说："为人臣子却不忠诚，这也是为人之子却不孝顺。你这些不义之财，我不要。你这个不孝之子，也不是我的儿子，你走吧！"田稷子非常羞愧地离开家，将那一百镒金子还给部下，自己到齐宣王那里请求治罪。宣王赞赏他母亲的深明大义，于是赦免了他的罪过，让他仍任原职，而且还从国库里拿出一些金子赏赐给他的母亲。

| 简注 |

① 自归：投案自首。

② 公金：公家的金银钱财。

田稷子接受部下相赠的金子，从他后续的动作来看，他的初心应该是想让母亲生活过得好一点，这个初心是一颗孝顺心，它并不坏。但是，他不知道更大的道义。这是田稷子的母亲狠狠批评他的地方，做人做官太糊涂了！眼中只有小家小利，忘记道义的大端，忘记了自己身居的要位，也忘记了赏识自己的君上，这是不忠诚。尽管孝顺的初心是好的，但是以侵犯他人或以其他不义的行为来成就这颗孝顺之心，是要不得的！用贪污得来的东西去孝顺父母，这将致父母于何地？

【27】汉京兆尹隽不疑，每行县①录囚徒，还，其母辄②问不疑，有所平反，活几何人耶？不疑多有所平反，母喜，笑为饮食，言语异于它时。或亡所出，母怒，为不食。故不疑为吏严而不残。

| 今译 |

汉代京兆尹隽不疑，每次到县里面代行公事，省察记录囚徒罪状，回来的时候，母亲总要问隽不疑有没有平反的囚徒，救了几个被冤枉的人？如果隽不疑平反得多，母亲就高兴，有说有笑地吃饭，说起话来也与平时不一样。有时候不疑

说没有囚徒得到平反，母亲就不高兴，拒绝用餐。正因为这样，隽不疑做官虽然严厉，但并不残酷。

| 简注 |

/

① 行县：到县里代行公事。

② 辄：总是。

| 实践要点 |

/

刑名官，责任非常重。他往往有一颗公正不阿，不近人情的心。然而，面对生命，即使是死囚的生命，那也是有独立的价值，不能够轻忽散漫。但是在刑狱之中，面对黑暗消沉的环境，人明辨是非的心往往更容易刚硬起来，缺乏一点恻隐的仁心，这让我们不易察觉隐藏在里面的冤屈。隽不疑的母亲用她的方法，让他时时谨记自己责任之重，在保持明辨是非的公正心的时候，也要怀着一颗柔软的仁心，尽量察觉冤屈，替有冤者辩白。

【28】吴司空孟仁尝为监鱼池官，自结网捕鱼作鲊^①寄母。母还之曰："汝为鱼官，以鲊寄母，非避嫌也！"

三国时东吴的司空孟仁曾经担任监鱼池官，他自己结网捕鱼，将捕获的鱼制成腌鱼，然后寄给母亲。母亲退还给他说："你身为鱼官，却把腌鱼寄给你的母亲，你没有做到躲避嫌疑！"

| 简注 |

① 鲊：经过加工的鱼类食品。

| 实践要点 |

监鱼池官虽然不大，几条腊鱼事小，但是如果有一天孟仁的官做大了，他会不会真的借职务的便利，获取更大的不当之利，而最终身赴监狱呢？这是孟母所担忧的，她爱着孟仁，得让他知道何事当为，何事不当为。

【29】晋陶侃为县吏，尝监鱼池，以一坩①鲊遗母。母封鲊责曰："尔以官物遗我，不能益我，乃增吾忧耳。"

/

晋代的陶侃担任县吏时，曾经监管鱼池，他把一锅腌鱼送给母亲，母亲非但不接受，还责备他说："你将公家的东西送给我，不但对我没有好处，相反还会增加我的忧虑。"

/

① 坩：盛物的陶器、瓦锅一类。

【30】隋大理寺卿郑善果母翟氏，夫郑诚讨尉迟迥战死。母年二十而寡，父欲夺其志。母抱善果曰："郑君虽死，幸有此儿。弃儿为不慈，背死夫为无礼。"遂不嫁。善果以父死王事，年数岁拜持节大将军，袭爵开封县公，年四十授沂州刺史，寻①为鲁郡太守。母性贤明，有节操，博涉书史，通晓政事。每善果出听事，母辄坐胡床②，于障后察之。闻其剖断合理，归则大悦，即赐之坐，相对谈笑；若行事不允③，或妄嗔怒，母乃还堂，蒙袂④而泣，终日不食。善果伏于床前不敢起。母方起，谓之曰："吾非怒汝，乃惭汝家耳。吾为汝家妇，获奉洒扫，

知汝先君忠勤之士也，守官清恪⑤，未尝问私，以身殉国。继之以死，吾亦望汝副其此心。汝既年小而孤，吾寡耳，有慈爱无威，使汝不知礼训，何可负荷忠臣之业乎？汝自童稚袭茅土，汝今位至方岳⑥，岂汝身致之邪？不思此事而妄加嗔怒心缘骄乐，堕于公政，内则坠尔家风，或失亡官爵；外则亏天子之法，以取辜戾⑦。吾死日，何面目见汝先人于地下乎？"

母恒自纺绩，每至夜分而寝。善果曰："儿封侯开国，位居三品，秩俸幸足，母何自勤如此？"答曰："吁！汝年已长，吾谓汝知天下理，今闻此言，故犹未也。至于公事，何由济⑧乎？今此秩俸，乃天子报汝先人之殉命也，当散赡六姻，为先君之惠，奈何独擅其利，以为富贵乎？又丝枲纺绩，妇人之务，上自王后，下及大夫士妻，各有所制，若堕业者，是为骄逸。吾虽不知礼，其可自败名乎？"

自初寡，便不御脂粉，常服大练，性又节俭，非祭祀、宾客之事，酒肉不妄陈其前；静室端居，未尝辄出门阁。内外姻戚有吉凶事，但厚加赠遗，皆不诣其门。非自手作，及庄园禄赐所得，虽亲族礼遗，悉不许入门。善果历任州郡，内自出馔，于衙中食之，公廨所供皆不许受，悉用修理公宇及分僚佐。善果亦由此克己，号为清吏，考为天下最。

／

　　隋朝大理寺卿郑善果的母亲翟氏，丈夫郑诚在征讨尉迟迥的时候战死。翟氏二十岁就守寡，她父亲想让她改嫁。翟氏抱着儿子善果说："郑君虽然已经死了，但是幸亏还留有一个儿子。抛弃儿子就是不慈爱，背叛死去的丈夫就是不知礼节。"于是她不再嫁人。善果因为父亲为国而死，年仅几岁就被封为持节大将军，承袭开封县公的爵位，四十岁就担任沂州刺史，不久又成为鲁郡太守。善果的母亲秉性贤良，有节操，博览全书，对政事非常了解。每次善果出去处理公事，他的母亲就坐在胡床上，躲在屏风后暗中观察。听到儿子分析裁断合理，回家就非常高兴，让儿子坐在身旁，母子俩说说笑笑。如果儿子办事不公允，或者无端发怒，母亲回到屋里，就掩面哭泣，整天不吃饭。善果跪在母亲床前不敢起来，母亲这才起来，对他说："我不是对你发怒，只是为你们家感到羞愧。我是你们家的媳妇，洒扫侍奉，知道你父亲是个忠诚勤勉的人，为官清廉谨慎，从来没有徇私，最终以身殉国，我也期望你能继承你父亲的遗志。你年幼丧父，我则丧夫守寡，对你慈爱但不够威严，才让你不懂得礼教规矩，又怎么能胜任忠臣的事业？你从小就承袭封位，如今身居地方要职，这难道是你自己努力所获得的吗？你不去想这些事情，却要妄加发怒，心里想着怎么骄奢取乐，懈怠公务。你这种做法对家里面来讲是败坏家风，甚至会失去官位爵位；在公事上，则是违背天子的王法，自取罪责。我死后，有什么脸面去见你的父亲呀？"

　　善果的母亲经常纺纱织布，到半夜才睡觉。善果就对母亲说："我封侯开国，官至三品，俸禄丰厚，母亲为何还要如此勤苦？"善果的母亲回答说："哎！我以为你已经长大，知道天下的道理，但今天听了你的话，才知道你什么道理都不懂。你这样去办公事，又怎么能够成功呢？你现在的俸禄，只是天子抚恤你父亲为国捐躯才享有的，你应该用它去赡养父母兄弟妻子，又怎么能够独享其利，还认为自己非常富足呢？况且纺纱织布，这本来就是妇人的本职，上自王后，下至士大夫之妻，各有应该干的事。如果我不纺纱织布，就是贪图安逸。我虽然不懂得礼法，可是怎么能败坏郑家的名声呢？"

翟氏从守寡开始，就不再涂脂抹粉，经常穿粗布衣服。她非常节俭，除了祭祀或宴请宾客，吃饭一般不摆放酒肉，平时都待在家里面，未曾离开房门一步。内外亲戚有什么吉凶事情，她都要送厚礼，但从来不亲自登门。如果不是亲手做的东西，或是庄园出产及皇上赏赐的东西，即使是亲戚朋友赠送的礼品，她都一概不允许拿进家门。善果担任各地州郡长官，饮食都由自己家提供，然后拿到衙门里吃，官署所提供的一概都不接受，省下来的费用都用作修理官舍，或者分给下面的官员。善果也因此能够克己奉公，号为清吏，被考评为天下第一。

｜ 简注 ｜

① 寻：旋即，不久。

② 胡床：一种可以折叠的轻便坐具。

③ 允：公允。

④ 袂：衣袖。

⑤ 清恪：清廉谨慎。

⑥ 方岳：任职一方的重臣。

⑦ 辜戾：罪责。

⑧ 济：成功。

【31】唐中书令崔玄，初为库部员外郎，母卢氏尝戒之曰："吾尝闻姨兄辛玄驭云：'儿子从官于外，有人来言其贫窭不能自存，此吉语也；言其富足，车马轻肥，此恶语也。'吾尝重其言。比见中表仕宦者，多以金帛献遗其父母。父母但知忻悦，不问金帛所从来。若以非道得之，此乃为盗而未发者耳，安得不忧而更喜乎？汝今坐食俸禄，苟不能忠清，虽日杀三牲，吾犹食之不下咽也。"玄由是以廉谨著名。

| 今译 |

唐代中书令崔玄，最开始担任库部员外郎的时候，母亲卢氏经常告诫他说："我曾经听姨兄辛玄驭说：'儿子在外边做官，如果有人说他贫穷到维持自己的生活都成问题，这是好事儿；如果说他十分富裕，车马轻肥，那就是坏事了。'我很重视他讲的这些话。我近来见中表亲戚中做官的，拿很多金银布帛送给自己的父母。他们的父母只知道高兴，却不问金银布帛从哪里来。如果他们是通过不正

当的途径得来，这就好比做了强盗还没有被发现一样，这怎么能叫人不发愁而反倒高兴？你现在拿着国家的俸禄，如果不能忠诚、清廉，即便天天杀猪宰羊给我吃，我也吃不下去啊！"崔玄在母亲的教育下，因为为官清廉谨慎而在当时很出名。

【32】李景让，宦已达，发斑白，小有过，其母犹挞之。景让事之，终日常兢兢。及为浙西观察使，有左右都押牙忤景让意，景让杖之而毙。军中愤怒，将为变。母闻之。景让方视事，母出，坐厅事，立景让于庭下而责之曰："天子付汝以方面①，国家刑法，岂得以为汝喜怒之资，妄杀无罪之人乎？万一致一方不宁，岂惟上负朝廷，使垂老之母衔羞入地，何以见汝先人乎？"命左右褫②其衣坐之，将挞其背。将佐皆至，为之请。不许。将佐拜且泣，久乃释之。军中由是遂安。此惟恐其子之入于不善也。

| 今译 |

李景让的官职已非常高，头发花白，年纪也很大了，然而，只要他稍有过错，母亲仍旧要鞭挞他。景让侍奉母亲，整天战战兢兢。景让担任浙西观察使

的时候，有个部下违背了他的意愿，就把他打死了。军中的士兵非常愤怒，眼看就要发生兵变。他的母亲听说了这件事后，在景让处理公务的时候，就走出来坐在厅堂之上，命令景让站在庭下，然后斥责他说："皇帝将一方的军政事务交给你，刑法是国家的重器，怎么能作为你随意发泄喜怒哀乐的资本而去枉杀无罪的人呢？万一引起一方的动乱，你何止是辜负朝廷对你的信任，而且也会让你的垂老之母含羞而死，我有何面目去见你的先人呢？"于是命令军士脱去他的衣服，摁倒在地，准备鞭打他。这时，军中的将领都来了，为他求情，但他的母亲不答应，将领们一边跪拜一边哭泣哀求，过了很久母亲才同意释放李景让。军中士兵也因此安定下来。李母这样做是担心儿子走上不仁不善的邪路。

| 简注 |

/

① 方面：一方军政要务。

② 褫：剥除。

| 实践要点 |

/

李景让的母亲做事确实分寸拿捏得当。带兵打仗的人性情往往容易暴躁，因为时时刻刻面对的是生死，在今天看来，那是心理必须承受极大的压力，有时候也很难控制。李母当着众人的面要打李景让，一则是教育儿子，二则是给暴怒的军士一个台阶，同时又能凝聚军心，她不仅是个教育高手，也是一个带兵的好手。

【33】汉汝南功曹范滂坐党人^①被收，其母就^②与诀曰："汝今得与李杜齐名，死亦何恨！既有令名，复求寿考^③，可兼得乎?"滂跪受教，再拜而辞。

| 今译 |

汉代汝南功曹范滂因为朋党受到牵连被收押，他的母亲去跟他诀别说："你为正义而死，可以与李膺、杜密齐名，死又有什么遗憾的呢? 你有了好的名声，还要追求长寿，这二者怎么可能都有呢?"范滂跪在地上聆听母亲的教诲，向母亲拜了两拜才离开了。

| 简注 |

① 坐党人：因为政治上结成朋党而获罪。

② 就：动词，到……去。

③ 寿考：长寿。

生离死别，自然是苦痛的愁肠，然而，生命终有一死，有重于泰山，也有轻于鸿毛。君子有为了道义而舍生的，范滂即是如此之人。母亲的心虽然是苦痛的，但也是欣慰的。

【34】魏高贵乡公^①将讨司马文王，以告侍中^②王沈^③、尚书王经^④、散骑常侍王业^⑤。沈、业出走告文王，经独不往。高贵乡公既薨，经被收。辞母，母颜色不变，笑而应曰："人谁不死，但恐不得死所，以此并命^⑥，何恨之有？"

│ **今译** │

魏高贵乡公曹髦准备征讨司马文王，他把这个计划告诉了侍中王沈、尚书王经、散骑常侍王业。王沈和王业出来后，就跑到司马文王那儿告了密，惟独王经没有去。后来，高贵乡公去世，王经被收押。王经去和母亲告别，母亲的脸色不变，笑着说："人哪有不死的，只是怕死得不值得而已，你为了道义而死，又有什么遗憾的呢？"

① 魏高贵乡公：这里指三国时魏国皇帝曹髦，曹丕之孙，其初受封高贵乡公。

② 侍中：魏晋时品秩相当于宰相。

③ 王沈：晋人，字元遽，曾任荆州刺史，谥号"穆"。

④ 王经：三国时清河人，冀州名士。

⑤ 王业：曾事王莽为中黄门，后事魏、晋。

⑥ 并命：一起丧命。

【35】唐相李义府①专横，侍御史王义方②欲奏弹之，先白其母曰："义方为御史，视奸臣不纠则不忠，纠之则身危而忧及于亲，为不孝；二者不能自决，奈何？"母曰："昔王陵③之母杀身以成子之名，汝能尽忠以事君，吾死不恨。"此非不爱其子，惟恐其子为善之不终也。然则为人母者，非徒④鞠育其身使不罹水火，又当养其德使不入于邪恶，乃可谓之慈矣！

/

　　唐朝宰相李义府专横跋扈，侍御史王义方想要弹劾他，他先跟母亲说："我身为御史，看见奸臣而不去弹劾，就是对皇上不忠，如果去弹劾他，自己又会陷入危险而使母亲担忧，这是对母亲不孝。这两者我无法做出决断，怎么办才好呢？"母亲说："以前汉代王陵的母亲用自杀来成全儿子的名声，你能以忠诚事君报国，我死而无憾。"这并不是不爱自己的儿子，而是担心他不能自始至终地做好事。为人母亲，她的责任并不只是抚养儿子长大，使他避免灾祸，还应当培养他的品德，让他不走邪路，这才称得上是真正的慈母！

| 简注 |

/

　　① 李义府：唐时饶阳人，唐太宗时为太子舍人，崇贤馆直学士，高宗时累迁至吏部尚书，时人称其为"笑中刀""人猫"，后以罪流放巂州而死。

　　② 王义方：唐时涟水人。

　　③ 王陵：汉时沛人，聚数千众与汉高祖刘邦起事，后因功受封"安国侯"。

　　④ 徒：只是，仅仅。

| 实践要点 |

/

　　忠孝难两全。很多人为了国家民族的利益，或者天理道义，无法侍奉在父母身前，但是，他们为的是更大的孝与忠。比如我们今天的人民子弟兵，守卫前线，保家护土，社会应该给予更大的尊重。

【36】汉明德马皇后①无子，贾贵人生肃宗。显宗命后母养之，谓曰："人未必当自生子，但患爱养不至耳。"后于是尽心抚育，劳瘁②过于所生。肃宗亦孝性淳笃，恩性天至，母子慈爱，始终无纤介③之间④。古今称之，以为美谈。

| 今译 |

后汉明德马皇后自己没生儿子，贾贵人生下了肃宗。显宗命令马皇后抚养肃宗并且说："人不一定只有自己生的孩子才感情好，只是怕你爱护养育他的恩情不够啊！"马皇后于是尽心竭力地抚养肃宗，辛劳的程度超过了亲生子。肃宗对待马皇后也非常诚恳孝顺，恩情出于天性，他们母子慈爱，始终没有一点隔阂。这件事古今传诵，成为美谈。

| 简注 |

① 明德马皇后：后汉茂陵人，马援之女，汉明帝之后，德冠朝廷。及明帝

崩，自撰《明帝起居注》。

② 劳瘁：劳累病苦。

③ 纤介：细微。

④ 间：空隙、缝隙，这里引申为嫌隙。

| **实践要点** |

人与人之间的感情，是超乎血缘关系的。它是在人与人之间具体生动的生命互动中培养起来的，浸润在彼此之间，流动于彼此之间。诚心相待，即使不是自己的亲生子女，将其视为己出，子女也会给与相等的回应。

【37】隋番州刺史陆让母冯氏，性仁爱，有母仪。让即其孽子①也，坐赃当死。将就刑，冯氏蓬头垢面诣朝堂，数让罪，于是流涕呜咽，亲持杯粥劝让食，既而上表求哀，词情甚切。上愍然为之改容，于是集京城士庶于朱雀门，遣舍人宣诏曰："冯氏以嫡母之德，足为世范，慈爱之道，义感人神。特宜矜免，用奖风俗。让可减死，除名②。"复下诏褒美之，赐物五百段，集命妇③与冯相识，以旌④宠异。

隋朝番州刺史陆让的母亲冯氏，生性仁爱，有慈母的风范。陆让是她的庶子，因为犯了贪赃枉法的罪，应当被处死。即将受刑的时候，冯氏蓬头垢面来到朝堂，数落陆让的罪行，然后痛哭流涕，亲自捧着一碗粥让他吃下，紧接着上书皇上求情，言词悲哀，情真意切。皇上怜悯冯氏而为她改变态度，于是召集京城的士庶来到朱雀门，派人宣读诏书："冯氏以非亲生母亲的身份而如此善待庶子的品德，足以成为世人的典范，她的慈爱之道，可以感动天地人神。应当嘉奖勉励，以此净化风俗。陆让可以免去死罪，只是除去他原有的封号。"然后又下诏褒奖冯氏，赏赐她五百段布帛，还召集那些有身份的妇女与冯氏认识，以表示对她的特殊恩宠。

① 孽子：庶子，由妾媵所生之子。

② 除名：除去名籍，取消原有的封号。

③ 命妇：有封号的妇女。

④ 旌：表彰。

【38】齐宣王时，有人斗死于道，吏讯①之。有兄弟二人，立其傍，吏问之。兄曰："我杀之。"弟曰："非兄也，乃我杀之。"期年②，吏不能决，言之于相。相不能决，言之于王。王曰："今皆舍之，是纵有罪也；皆杀之，是诛无辜也。寡人度③其母能知善恶。试问其母，听其所欲杀活。"相受命，召其母问曰："母之子杀人，兄弟欲相代死。吏不能决，言之于王。王有仁惠，故问母何所欲杀活。"其母泣而对曰："杀其少者。"相受其言，因而问之曰："夫少子者，人之所爱，今欲杀之，何也？"其母曰："少者，妾之子也；长者，前妻之子也。其父疾且死之时属④于妾曰：'善养视之。'妾曰：'诺！'今既受人之托，许人以诺，岂可忘人之托而不信其诺耶？且杀兄活弟，是以私爱废公义也。背言忘信，是欺死者也。失言忘约，已诺不信，何以居于世哉？予虽痛子，独谓行何！"泣下沾襟。相入，言之于王。王美其义，高其行，皆赦。不杀其子，而尊其母，号曰"义母"。

今译

齐宣王的时候，有人打架斗殴，死在路上，官吏前来调查。有兄弟二人站在旁边，官吏询问他们。哥哥说："人是我杀死的。"弟弟说："不是哥哥，是我杀的。"时间过去整整一年，官吏不能决断，就把这件事告知宰相，宰相也无法决断，就禀报了齐宣王。宣王说："如果放过他们，那就是放纵犯罪的人；如果都杀掉，就会妄杀无辜的人。我估计他们的母亲知道谁好谁坏，问问他们的母亲，听听她的意见。"于是宰相召见他们的母亲，说："你的儿子杀了人，兄弟两人都想互相代替对方去死，官吏不能决断，告诉了宣王，宣王很仁义，让我来问问你想杀谁活谁？"母亲哭着说："杀掉年纪小的。"宰相听后，反问说："小儿子是父母最疼爱的，而你却想杀掉他，这是为什么呢？"母亲回答说："年纪小的那个是我的亲生儿子，年纪大的是我丈夫和前妻的儿子，丈夫得病临死的时候把他托付给我说：'好好养育他。'我说：'好！'既然受人之托，许人以诺，又怎么能忘记别人的嘱托而失信于自己许下的诺言呢？再说杀兄活弟，是以我个人私爱去败坏公义道德，而背言失信，又是欺骗死去的丈夫。如果我失言忘约，不守信用，又怎能在社会上立身处世呢？我虽然疼爱自己的儿子，却怎么能不顾道义德行呢？"说完之后痛哭流涕。宰相回去之后把情况向齐宣王做了禀报。宣王赞赏这位母亲的德行，于是赦免了她的两个儿子。不但不杀她的儿子，还尊崇这位母亲为"义母"。

｜ 简注 ｜

① 讯：审讯。

② 期年：整整一年。

③ 度：估计，推测，猜度。

④ 属：通"嘱"，嘱咐。

送自己的亲生儿子去死难道不心痛吗？当然心痛。儿子是自己身上掉下的肉，心有多痛，那就像是一刀一刀往自己身上割肉一样。但是这位母亲，她想的是更高的道义，因为答应了自己丈夫要照顾好他和前妻生的小孩。一诺千金，无法保全两个子女，便只能忍痛让自己的儿子赴死。这是一颗一体大公的仁心。当然，齐王也被这一颗一体大公的仁心所感动，母子三人才得以幸免于难。

【39】魏芒慈母者，孟杨氏之女，芒卯之后妻也，有三子。前妻之子有五人，皆不爱慈母。遇①之甚异，犹不爱慈母。乃令其三子不得与前妻之子齐衣服、饮食。进退、起居甚相远。前妻之子犹不爱。于是，前妻中子犯魏王令，当死。慈母忧戚悲哀，带围减尺。朝夕勤劳，以救其罪。人有谓慈母曰："子不爱母至甚矣，何为忧惧勤劳如此？"慈母曰："如妾亲子，虽不爱妾，妾犹救其祸而除其害。独假子而不为，何以异于凡人？且其父为其孤也，使妾而继母。继母如母，为人母而不能爱其子，

可谓慈乎？亲其亲而偏其假，可谓义乎？不慈且无义，何以立于世？彼虽不爱妾，妾可以忘义乎？"遂讼之。魏安釐王闻之，高其义，曰："慈母如此，可不赦其子乎？"乃赦其子而复其家。自此之后，五子亲慈母雍雍② 若一。慈母以礼义渐③ 之，率导八子，咸为魏大夫卿士。

战国时候魏国的芒是一个慈母，她是孟杨氏的女儿，芒卯的第二任妻子，她与芒卯生了三个孩子。芒卯的前妻留下五个孩子，他们都不爱戴她。尽管她对那五个孩子非常好，但他们仍然不爱戴她。于是，她让自己的三个孩子不能与前妻的五子穿同样的衣服，吃同样的饭食，即便是起居、进退也是对前妻的五个孩子给予特殊的照顾。可是前妻的孩子仍然不爱她。正在这时，前妻的一个孩子违犯了魏王的命令，要被处死。慈母为此忧愁悲哀，消瘦了许多。她一天到晚奔波，想办法拯救这个孩子。有人对她说："这个孩子不爱你已经到了这个地步，你为什么还要这样为他忧愁勤劳呢？"她回答说："如果是我的亲生孩子，即使他不爱我，我也肯定会救他免于危难。如果对不是亲生的孩子单单不能这样，那与不懂礼数的人有什么区别呢？况且他们的父亲因为他们孤弱，让我做继母，继母就是母亲，为人之母却不能爱自己的孩子，这能算得上是慈爱吗？亲爱自己的亲生子，而不去爱前妻的孩子，这能算是仁义吗？既没有了慈爱又不讲仁义，那还怎么立身于世上呢？尽管他们不喜爱我，而我又怎么能不顾道义呢？"于是，她为前妻之子诉讼辩罪。魏安釐王听说了这件事后，称赞了她的德行义举，并说："有这样高义的母亲，怎么能不赦免她的孩子呢？"于是赦免那个犯事的孩子，让他们一家人团聚。从此之后，这五个孩子都非常亲善孝顺她，而她则用礼义来教育引导他们，最后这八个孩子都成了魏国的士大夫。

| 简注 |

① 遇：对待。

② 雍雍：和谐的样子。

③ 渐：一点一点慢慢浸染。

【40】汉安众令汉中程文矩妻李穆姜，有二男，而前妻四子以母非所生，憎毁日积。而穆姜慈爱温仁，抚字①益隆，衣食资供，皆兼倍所生。或谓母曰："四子不孝甚矣，何不别居以远之？"对曰："吾方以义相导，使其自迁善也。"及前妻长子兴疾困笃，母恻隐，亲自为调药膳，恩情笃密。兴疾久乃瘳②，于是呼三弟谓曰："继母慈仁，出自天爱，吾兄弟不识恩养，禽兽其心。虽母

道益隆，我曹③过恶亦已深矣！"遂将④三弟诣南郑狱，陈母之德，状己之过，乞就刑辟。邑言之于郡。郡守表异其母，蠲除⑤家徭，遣散四子，许以修革⑥。自后训导愈明，并为良士。今之人，为人嫡母而疾其孽子，为人继母而疾其前妻之子者，闻此四母之风，亦可以少愧矣？

| 今译 |

汉代安众县县令汉中人程文矩的妻子李穆姜，生有两个儿子，而丈夫前妻的四个儿子因为李穆姜不是生身母亲，对她的怨恨越来越多。可是穆姜慈爱温和，尽心尽力抚养他们，给他们分配的衣食，总是比给她的亲生儿子多。有人劝她说："这四个孩子这么不孝顺，你为什么不迁居别处来远离他们呢？"穆姜说："我正在以仁义道德引导他们，让他们自己弃恶向善。"后来，丈夫前妻的长子兴得了重病，情况十分糟糕，穆姜生发了恻隐之心，亲自为他熬药调膳，恩情甚深。过了很久，兴康复之后，就叫来三个弟弟说："继母慈祥仁爱，出自天性，我们兄弟却不懂得她的恩养之情，像禽兽一样，虽然继母的仁爱日渐加深，我们的罪过却已经很深重了！"于是他带着三个弟弟来到南郑监狱，陈述继母的德行，以及自己的罪过，请求官府治罪。县令将这件事禀报郡守，郡守没有治他们的罪，还表彰他们的继母，免除他们的徭役，让他们兄弟回家，允许他们改过自新。自此之后，穆姜对儿子的教导愈加严明，后来他们都成了人们称道的良士。现在那些做人嫡母的，不善待不是自己亲生的孩子，那些做人继母的，不善待丈夫前妻生的孩子，听了以上四位母亲的事迹，难道一点羞愧也没有吗？

| 简注 |

① 抚字：爱护、养育。

② 瘳：病好了。

③ 我曹：我辈，我们。

④ 将：动词，带领。

⑤ 蠲除：免除。

⑥ 修革：改过自新，洗心革面。

【41】鲁师①春姜嫁其女，三往而三逐。春姜问其故。以轻侮其室人②也。春姜召其女而笞之，曰："夫妇人以顺从为务。贞悫③为首。今尔骄溢不逊以见逐，曾不悔前过。吾告汝数矣，而不吾用。尔非吾子也。"笞之百，而留之三年。乃复嫁之。女奉守节义，终知为人妇之道。今之为母者，女未嫁，不能诲也。既嫁，为之援，使挟己④以凌其婿家。及见弃逐，则与婿家斗讼。终不自责其女之不令⑤也。如师春姜者，岂非贤母乎？

鲁国乐官春姜的女儿，三次出嫁，三次被婆家赶回了娘家。春姜询问婆家这么做的原因，婆家的人回答说："因为你的女儿经常轻慢侮辱家里面跟她平辈的妇人。"于是，春姜把女儿叫来，一边鞭打，一边教训说："作为人妇最大的美德就是要顺从，而且首先要忠贞诚实。现在你因为傲慢无礼被驱逐回家，已经几次了，都不能悔过。我已经和你讲过好几次了，你却不听我的话。既然这样，你就不是我女儿了。"鞭打女儿上百下，并留女儿在家住了三年。三年后再次出嫁，女儿恪守礼义，终于知道为人媳妇的道理了。现在做母亲的却往往做不到这些，女儿在未出嫁之前不去教导她，出嫁之后，又做女儿的后台，让女儿依仗娘家的势力去欺凌女婿家。等到女儿被婆家驱逐回娘家，则又兴师动众，与女婿家打斗或到公堂争讼，却从来不去责怪自己的女儿不守妇道。这样对比起来，春姜难道不是贤母吗？

| 简注 |

① 师：周代称乐官为师。

② 室人：这里指丈夫家中平辈的妇女。

③ 贞悫：坚贞不移。

④ 挟己：依仗自己的势力。

⑤ 不令：不好，不善。

／

古人认为一个家庭中，女人扮演着和顺家庭的关键角色。男孩穷养，女孩富养，今日有此说法。富可不是财富物质上的供养，一个高贵的女子，她的言谈举止必须是有德性和合乎礼仪的，要教她为人才是最重要的，而不是从小惯着她，让其任性所为。

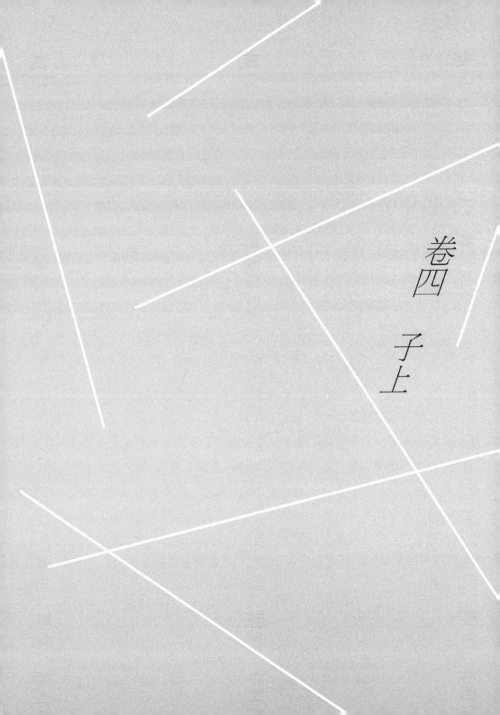

卷四

子上

【1】《孝经》曰："夫孝，天之经也，地之义也，民之行也。天地之经，而民是则之。"又曰："不爱其亲而爱他人者，谓之悖德；不敬其亲而敬他人者，谓之悖礼。以顺则逆，民无则焉。不在于善，而皆在于凶德。虽得之，君子不贵也。"又曰："五刑之属三千，而罪莫大于不孝。"

| 今译 |

《孝经》说："孝顺，就像天上的日月星辰运行一样是永恒的规律，也像地上的万物生长一样是不变的法则，更是天下民众的行为准则。天地间的规律法则，万民都要去遵循。"又说："不亲爱自己的父母却去爱他人，这是违背道德；不敬重自己的父母却敬重别人，这是违反礼法。君王教导万民要亲爱尊敬自己的父母，自己却违背道德和礼法，这样民众就会无从效仿。如果不能尽孝，违背道德礼法，就会招致灾难。这种人即使能得志，君子也不会看重他。"又说："五种刑罚的罪状有三千条，而其中罪恶最大的就是不孝。"

| 实践要点 |

对父母的亲切感情就是孝顺。传统儒家有各种各样的关于如何孝顺的礼仪、

礼节的规定，有各种各样温清定省的节目，这一卷中会有很多具体节目的讨论。这些当然非常重要，因为它们为我们的伦理生活提供可操作的做法。可是，这背后倘若没有对父亲、母亲出乎内心最深切的爱，那么这种孝顺也只是一种形式主义的做法而已。另外，"孝"是其他德性的基础，这个"本"不是一个逻辑学意义上的基础。不是说其他德性，如对朋友的信、对师长的恭敬、对君王的忠，甚或今天我们所讲的公共生活中的正义，是从"孝"这种德性推导出来的。它的意思是说，每个人道德情感的获得和培养最开始是在与父母的交流互动中产生的，因为一个人呱呱坠地来到这个世界首先见到的是我们的父母，如果连自己的父母都不能够亲爱，那么他又怎么可能去亲爱其他人呢？所以，这并不意味着其他德性可以"不教而会"，它只是说通过家庭温情的滋养，我们也能够获得感受爱和学会爱的能力。

【2】孟子曰："不孝有五：惰其四支，不顾父母之养，一不孝也；博①弈好饮酒，不顾父母之养，二不孝也；好货财，私妻子，不顾父母之养，三不孝也；从②耳目之欲，以为父母戮，四不孝也；好勇斗狠以危父母，五不孝也。"夫为人子，而事亲或亏，虽有他善累百，不能掩也，可不慎乎！

　　孟子说："不孝顺有五种情状：好吃懒做，不顾父母的养育之恩，这是第一种不孝；沉迷于赌博和酗酒，不顾父母的养育之恩，这是第二种不孝；贪图钱财，只顾自己的妻子儿女，不顾父母的养育之恩，这是第三种不孝；寻欢作乐，给父母带来耻辱，这是第四种不孝；喜欢打架斗殴，危及父母，这是第五种不孝。"为人子女，如果在侍奉父母方面做得不够，即便他在其他方面有再多的优点，也不能掩盖他的罪过，所以为人子女能不小心谨慎吗？

| 简注 |

① 博：古代的一种棋戏。
② 从：通"纵"，放纵。

【3】《经》曰："君子之事亲也，居①则致其敬，养则致其乐，病则致其忧，丧则致其哀，祭则致其严。"

| 今译 |

　　《孝经》说："君子侍奉父母亲，平日家居的时候要尽量做到恭敬，赡养父母

要让父母感到快乐，父母生病了要为之深深忧虑，父母去世要竭尽哀思，祭祀父母时要非常严肃。"

| 简注 |

① 居：家居。

实践要点

恭敬、快乐、忧虑、哀恸、严肃，凡此种种，皆是人内心最深切的情感，没有这些情感在背后支撑，纯粹为了孝顺的义务来孝顺父母，这只是一种形式上的虚假孝敬而已。

【4】孔子曰："今之孝者，是谓能养。至于犬马，皆能有养。不敬，何以别乎？"

《礼》："子事父母，鸡初鸣，咸盥漱，盛容饰以适父母之所。父母之衣衾①、簟席、枕几不传，杖、履祗敬之，勿敢近。敦、牟、卮、匜，非馂②莫敢用。在父母之所，有命之，应唯敬对，进退周旋慎齐。升降、出入揖逊。不敢哕噫③、嚏、咳、欠、伸、跛、倚、睇视，不敢唾洟。寒不敢袭④，痒不敢搔。不有敬事，不敢袒裼⑤。不涉不撅。为人子者，出必告，反⑥必面。所游必有常，所习必有业，恒言⑦不称老。"

又："为人子者，居不主奥⑧，坐不中席，行不中道，立不中门。食飨不为概⑨，祭祀不为尸⑩。听于无声，视于无形。不登高，不临深，不苟訾，不苟笑。孝子不服暗，不登危，惧辱亲也。"

| **今译** |

/

孔子说："今天那些所谓的孝子，仅仅称得上是能够赡养父母而已。然而，狗和马不也能够圈养吗？如果没有内心的恭敬，那么这与养狗养马又有什么区别呢？"

《礼记》说："子女侍奉父母，在鸡刚叫的时候就要起床洗漱，穿戴整齐去父母的房间拜见父母。父母所用的衣被、席子、枕头等，不能去随便移动，即便是对父母的拐杖和鞋子，也要恭恭敬敬，不能随便靠近。父母使用的食器、酒具，不是吃他们剩下的就不敢用。在父母的居所，如果父母有吩咐，应答时要恭恭敬敬的，进退应对也要谨慎庄重，举止行动要有礼而谦逊，不能随意打嗝、打喷嚏、咳嗽、打哈欠、伸懒腰、跛行、斜靠、斜眼看人看物，也不能随便吐唾沫、擤鼻涕。在父母面前，即便天气冷，也不能在衣服外边再加衣服；即便是痒，也不能去挠。如果不是父母的命令，不能随便脱掉外面的衣服。自己身上的衣服要穿戴齐整，不是涉水，不随便撩起来。为人子女，出门必须向父母告辞，回家必须向父母问安。出游必须有规矩，学习必须有所立业，平常说话不说'老'字。"

《礼记》里又说："为人子女，住房不能占据西南角尊长的位置，坐的时候不能坐在正中间，走路也不能走中间，站立不能站在门的中间，举行食礼或飨礼不敢做主人，祭祀时不能充当受祭者接受别人的拜礼。默默倾听别人的意见，不要多插嘴，善于察言观色。不能登高临深，冒险行事，不能胡乱骂人，不能随便说笑。孝子不潜伏暗处，不到危险的地方，怕的是因为自己的行为辱没了父母。"

| 简注 |

① 衾：被子。

② 馂：吃剩的饭菜酒馔一类。

③ 哕噫：打嗝和嘘气。

④ 袭：重衣，就是在衣服上再加一件衣服。

⑤ 袒裼：脱去上衣左袖，露出内衣。

⑥ 反：回家。

⑦ 恒言：日常说话。

⑧ 奥：室中的西南角。

⑨ 概：量米麦时刮平斗斛的器具。

⑩ 尸：代表死者接受祭祀的活人。

这一条也是讲对父母孝顺应当要从内心深处生发出一种最深切的恭敬之心，也讲了很多日常生活可以借鉴的做法。例如在家时出门要向父母汇报，回家要向父母问安，这实在是非常切近的。《论语》讲"父母在，不远游"，是有道理的。父母嘴上不说，可是他们极担心我们呀！我们在外旅游、工作，父母时时记挂我们的处境、安全，我们难道忍心不向父母汇报我们的近况，在外学习、工作，不该定时打打电话？那得是一颗多硬的心肠啊！父母也需要我们的爱，尽管彼此的生活理念、方式或有不同，可是爱总是可以穿透这些壁垒吧。用爱同情理解我们的父母亲，就不会觉得他们总是要阻碍我们追求自由的天空。他们只是渴望你真诚的爱与回应。没有爱，谈不上孝顺。

【5】宋武帝即大位，春秋已高，每旦朝继母萧太后，未尝失时刻。彼为帝王尚如是，况士民乎！

| 今译 |

南朝宋武帝登基称帝的时候，年事已高，但是他每天清晨都要朝拜继母萧太后，而且从来没错过时间。帝王尚且能够这般孝顺母亲，更何况一般的士人百姓呢？

【6】梁临川静惠王宏，兄懿为齐中书令，为东昏侯所杀，诸弟皆被收。僧慧思藏宏，得免。宏避难潜伏，与太妃异处，每遣使恭问起居。或谓："逃难须密，不宜往来。"宏衔泪答曰："乃可无我，此事不容暂废。"彼在危难尚如是，况平时乎！

梁代临川静惠王萧宏，他的哥哥萧懿担任齐朝中书令，被东昏侯杀死了，而且几个弟弟都被收押。和尚慧思把萧宏藏匿起来，因此萧宏得以幸免。萧宏潜伏避难，与太妃居住在不同地方，但是他还经常派人问候太妃的起居生活。有人对他说："你正在逃难，必须保密，不应该和太妃来往。"萧宏流泪答道："宁可让我去死，也不能不行孝道。"他身处危难之中尚且能如此尽孝道，何况平时呢？

【7】为子者不敢自高贵，故在《礼》："三赐①不及车马。"不敢以富贵加于父兄。

为人子女，不能在父母面前显示身份高贵，所以《礼记》中说："做到三命之官，受赏赐也不敢接受车马。"就是说，不敢在父兄面前表现自己的富有和尊贵。

① 三赐：即三命。做官的人一命受爵，再命受衣服，三命受车马。

【8】国初，平章事王溥，父祚有宾客，溥常朝服侍立。客坐不安席。祚曰："豚犬，不足为之起。"此可谓居则致其敬矣。

宋朝初年，宰相王溥的父亲王祚每当在家招待客人的时候，王溥就穿着上朝的衣服侍立一旁。客人坐着心里面感觉到不安。王祚就说："他是我的儿子，你不必因为他是宰相就起身。"这可以说是为人子女的平日家居时对父母表示出的恭敬。

居家，首先是作为儿子的身份，然后才是宰相的身份，这是有次第的。无论你拥有多少财富，无论你身居何方要职，应该对父母和他的朋友抱着尊重之心。这是对长辈的一体恭敬之心。

【9】《礼》："子事父母，鸡初鸣而起，左右佩服以适父母之所。及所，下气怡声①，问衣燠②寒，疾痛苛痒，而敬抑搔之。出入则或先或后，而敬扶持之。进盥③，少者奉槃，长者奉水，请沃盥，卒，授巾。问所欲而敬进之，柔色以温之。父母之命勿逆勿怠。若饮之食之，虽不嗜，必尝而待；加之衣服，虽不欲，必服而待。"

又："子妇无私货，无私畜，无私器。不敢私假，不敢私与。"

又："为人子之礼，冬温而夏清，昏定而晨省，在丑夷④不争。"

| 今译 |

《礼记》说："子女侍奉父母，在鸡刚刚叫的时候就要起床，穿戴整齐到父母

的居室。到了父母的居所，要和颜悦色，问父母衣服冷暖，是否有病痛或疮痒，然后恭敬地为他们按摩痛处或搔挠痒处。如果和父母一起出入，要么在前边引路，要么在后边侍奉，恭敬地去搀扶父母。进了洗漱间，年纪小的要赶紧端来脸盆，年纪大一点的给脸盆倒上水，请父母洗脸。洗完脸了，把毛巾递给父母。然后再问父母需要什么，及时送上去，和颜悦色，让父母亲感到温暖。对于父母的吩咐，不能违逆，也不能懈怠。如果父母让你吃东西，即使不合你的口味，你也要吃一点，然后听从父母的吩咐；如果是父母给你一件衣服，你即使不喜欢，也一定要先穿在身上，然后等待父母的命令。"

《礼记》又说："儿媳妇不能私自积蓄家产，不能有自己的用具东西，也不能私自把东西借给别人，也不能私自将家里的东西送别人。"

《礼记》还说："为人子女应该奉行的礼数是，要让父母冬天感到温暖而夏天感到清凉，晚上要为父母铺好床铺，早晨要向父母问安，而且不能和兄弟姐妹们有所争执。"

| 简注 |

① 下气怡声：声色和悦。

② 燠：热、暖。

③ 盥：烧水洗手。

④ 丑夷：指同辈人。

现代人已经不可能每日清晨亲自到父母亲的寓所问安省过，甚至《论语》中所讲"父母在，不远游"在今天也几无可能。但是，养儿一百岁长忧九十九，我们可以尽量做到让父母亲不要为我们操心。例如，不远游不可能，但是可以做到让父母知道自己所游之方向。再有，若是在同一乡村居住，距离不远，早晚去看看父母，总是可能的，也是应做的。居住在外地，打个电话问候总是可以做到的，即使没办法每日做到，也总是可以隔一段时间定期问候，唠唠家常，向父母报告自己的近况，关心一下父母亲的健康情况。即使工作再忙，也要常回家看看。时代变了，孝顺父母的要求会发生变化，可是那颗孝爱之心是不会变的，有了这颗心，做出来的事情也一定是对父母的孝。

【10】孟子曰："曾子养曾皙，必有酒肉；将彻，必请所与。问有余，必曰：'有。'曾皙死，曾元养曾子，必有酒肉。将彻，不请所与，问有余，曰：'亡矣。'将以复进也。此所谓养口体者也。若曾子，则可谓养志也。事亲若曾子者，可也。"

孟子说："曾子奉养他的父亲曾晳，每顿饭一定有酒肉；快要撤席的时候一定要问，剩下的给谁。曾晳如果问还有没有剩饭，曾子一定回答有。曾晳死了，曾元奉养曾子，也一定有酒有肉。在往下撤席的时候，就不问剩下的给谁了；曾子如果问还有剩饭吗，他就说没有了。他是想留下预备下次进用，这个叫做口体之养。至于曾子对父亲，才是真正地顺从亲意的奉养。侍奉父母做到像曾子那样就可以了。"

| 实践要点 |

《论语》中讲侍养父母，如果只是物质上的侍养，那么动物也皆有养，跟人又有什么区别呢？孔子讲，区别在于是否存有一颗恭敬的心，也就是有没有情感的投射。从上文来看，曾子奉养父亲与曾子儿子奉养曾子最大的不同还是在做儿子的能否去体贴父亲的心，顺应父亲的意愿。春秋之际，生产力低下，饭菜的供给也有限。曾元从今天的角度来看，其实也蛮孝顺曾子，他把仅有的食物优先供奉给父亲，只不过他用了一颗"算"心，并不是彻头彻尾的体贴，在孟子看来，此孝还是有所欠缺的。

【11】老莱子①孝奉二亲，行年七十，作婴儿戏，身服五采斑斓之衣。尝取水上堂，诈跌仆卧地，为小儿啼，弄雏②于亲侧，欲亲之喜。

今译

老莱子侍奉自己的父母非常孝顺，年纪快七十了，还玩婴儿的游戏，身着五彩斑斓的衣服。曾经把水端到堂上，装作跌仆卧倒在地，又假装小孩啼哭，在父母身边玩小孩子的游戏，目的是想让父母高兴。

简注

① 老莱子：周代楚国人。

② 弄雏：弄，玩耍，游戏；雏，这里指小朋友。

实践要点

老有所养，老有所乐。快乐才是更重要的。七十岁还做婴儿状，讨父母亲的欢喜，这无疑是幸福的，但也是时刻保有一颗爱父母的孝爱之心，保有童真，不因年龄增长而发生改变。

【12】汉谏议大夫江革，少失父，独与母居。遭天下乱，盗贼并起，革负母逃难，备经险阻，常采拾以为养，遂得俱全于难。革转客①下邳，贫穷裸跣②，行佣③以供母，便身之物，莫不毕给。建武末年，与母归乡里，每至岁时，县当案比④，革以老母不欲摇动，自在辕中挽车，不用牛马。由是乡里称之曰"江巨孝"。

| 今译 |

东汉谏议大夫江革，少年时丧父，与母亲居住在一起。当时正好天下大乱，到处都是盗贼，江革背着母亲逃难，历尽艰难险阻，常常靠采拾野菜来赡养母亲，因此母子才能幸免于难。江革辗转客居下邳，因为贫穷，没有衣服和鞋穿，他依靠给人打工来赡养母亲。母亲随身所用之物，都准备齐全。建武末年，他与母亲一起回到故乡。每年到年末的时候，县里要清理户口，江革因为老母亲害怕坐车摇晃颠簸，于是就自己驾辕拉车，不用牛马。因此乡里称他为"江巨孝"。

| 简注 |

① 转客：辗转客居。

② 裸跣：赤身裸体，脚上没穿鞋。

③ 行佣：受人雇佣。

④ 案比：清理户籍人口。

【13】晋西河人王延，事亲色养①，夏则扇枕席，冬则以身温被，隆冬盛寒，体无全衣，而亲极滋味。

| 今译 |

晋代西河人王延，侍奉父母很孝顺，夏天就在父母枕边扇凉风，冬天就用自己的身体为父母暖被。严寒的冬天，他自己没有一件完整的衣服，而父母亲却生活得很好。

| 简注 |

① 色养：愉悦地侍奉父母。

【14】宋①会稽何子平，为扬州从事吏，月俸得白米，辄货市②粟麦。人曰："所利无几，何足为烦？"子平曰："尊老在东，不办得米，何心独飨白粲③！"每有赠鲜肴者，若不可寄至家，则不肯受。后为海虞令，县禄唯供养母一身，不以及妻子。人疑其俭薄。子平曰："希禄本在养亲，不在为己。"问者惭而退。

宋代会稽人何子平，担任扬州从事吏，每月所得到的禄米，总要拿去卖掉然后买粟麦。有人说："卖了米再买粟麦获利并不多，何必要那么麻烦呢？"子平说："我母亲住在东边，不能享用到白米，我又怎么能独自享用呢？"每次有人送给他好吃的东西，如果不能寄到家里，他就不肯接受。后来他担任海虞县令，所得俸禄只能供养母亲一个人，他就完全不顾及自己的妻子儿女。有人怀疑他过于节俭小气。子平就说："我之所以出来做官，原本就是为了供养父母，而不是为了自己。"向他问话的人非常羞惭地离开了。

| 简注 |

① 宋：南朝宋。

② 货市: 贸易。

③ 白粲: 白米。

自己有好吃好用的东西，但是父母未曾用过，就坚决不享用，因为不忍心，这真是一颗孝敬父母的诚心，现代很少能见到这种情况了。我们当然也不必做到事事如此，但我们确实要时刻把父母的处境记挂在心。

【15】同郡郭原平养亲，必以己力，佣赁以给供养。性甚巧，每为人佣作，止取散夫价。主人没食，原平自以家贫，父母不办有肴饭，唯餐盐饭而已。若家或无食，则虚中竟日，义不独饱，须日暮作毕，受直①归家，于里余买，然后举爨②。

| 今译 |

同郡郭原平侍养父母，一定要靠自己的劳动所得来供养。他秉性灵巧，但是每次为人做工，只收取散夫零工的价钱。主人提供饭食，郭原平认为家中贫穷，父母吃不上荤菜，自己也就只吃盐饭。如果家中没有粮食，他就整天不吃饭，等

到天黑收工，拿了工钱回家的时候，再出去买些粮食，然后再回家做饭。

｜ 简注 ｜
///

① 直: 通"殖"，工资。
② 举爨: 生火做饭。

【16】唐曹成王皋为衡州刺史，遭诬在治①，念太妃②老，将惊而戚，出则囚服就辟③，入则拥笏垂鱼，坦坦施施④，贬潮州刺史，以迁入贺。既而事得直⑤，复还衡州，然后跪谢告实。此可谓养则致其乐矣。

｜ 今译 ｜
///

唐代曹成王皋在担任衡州刺史时，受他人诬告将要被治罪，他想到自己的母亲年老，会为这件事惊慌愁苦。于是出了家门他就穿着囚徒的衣服准备受刑，而一回到家里就官服装束，装出一副坦然快乐的样子。后来他被贬为潮州刺史，就假装他要升迁调动，回家向母亲报喜。后来，他的冤案得到平反，他又回到衡州，才向自己的母亲跪禀实情。赡养父母就要想方设法让父母亲快乐。

① 在治：接受处罚。

② 太妃：对皇帝遗留下来的妃子的称呼。

③ 辟：刑法。

④ 坦坦施施：泰然徐行的样子。

⑤ 直：辨明冤屈。

| 实践要点 |

报喜不报忧，这不是一种"欺瞒"，而是对母亲的爱，害怕她接受不了伤害到自己的身体，所以古人讲赡养父母，最重要的是让他们快乐起来，老有所乐。

【17】《礼》："父母有疾，冠者①不栉②，行不翔③，言不惰④，琴瑟不御。食肉不至变味，饮酒不至变貌，笑不至矧，怒不詈⑤，疾止复故。"

| 今译 |

《礼记》说："父母生病的时候，成年子女不能梳头打扮，走路也不能像平日

那样轻捷，不能说闲话，不能鼓琴弄瑟。吃肉不能讲究滋味，喝酒不能喝到醉醺醺，笑不露齿，怒不骂人，父母病愈后，子女才可以恢复常态。"

| 简注 |

① 冠者：年满二十岁。

② 栉：梳头。

③ 翔：像鸟飞翔一样张开双臂。

④ 惰：不正之言。

⑤ 詈：责骂。

| 实践要点 |

《礼记》的这些规定，现在看来当然有些过时，但是它要表明的是当父母生病时，子女内心那一股忧愁黯然生起。这些不是装出来的，《礼记》这样描写给人感觉是一种形式，但其实我们反观一下就知道，当父母亲病重的时候，吃不下睡不着的时候，我们难道还有心情去装扮自己，还有心情去吃香喝辣吗？如果真的是与父母有深厚感情的子女，断然不会如此，也会跟着忧愁、担心，尽心服侍。这不是外在的要求，而是从内由外自然而然就会这样去做。

【18】文王之为世子①，朝于王季，日三。鸡初鸣而衣服，至于寝门外，问内竖②之御者③曰："今日安否？何如？"内竖曰："安。"文王乃喜。及日中，又至。亦如之。及莫④又至，亦如之。其有不安节，则内竖以告文王。文王色忧，行不能正履。王季复膳，然后亦复初。武王帅而行之，不敢有加焉。文王有疾，武王不脱冠带而养。文王一饭亦一饭，文王再饭亦再饭。旬有二日，乃间⑤。

| 今译 |

/

周文王在做世子的时候，每天都要朝拜君父季历三次。鸡刚叫的时候他就穿好衣服，来到父亲的寝门外边，问掌管内外事务的人说："君父今天可好？"当值者说："很好。"周文王便喜形于色。到中午，周文王又来到父亲的寝门外，又像早晨一样问候。到傍晚的时候他又来问候。如果父亲有什么地方不舒服，当值者就告诉给文王，文王就会非常忧愁，连走路都是歪歪斜斜的。直到父亲重新开始吃饭，文王才能恢复如初。后来周武王完全遵循父亲文王的做事方法，不敢有一点改动。文王有病的时候，武王就衣冠不解地侍奉父亲。如果文王那天只吃一次饭，他也只吃一次饭；文王如果吃两次饭，他也吃两次饭。这样整整十二天，文王的病才痊愈。

① 世子：天子、诸侯的嫡长子。

② 内竖：内外传递命令的小官。

③ 御者：当值者。

④ 莫：通"暮"，傍晚。

⑤ 间：病愈。

【19】汉文帝为代王时，薄太后常病。三年，文帝目不交睫，衣不解带，汤药非口所尝弗进。

| 今译 |

汉文帝在做代王的时候，薄太后经常生病。三年之中，汉文帝没有好好睡过觉，经常衣不解带，尽心竭力侍候太后。凡是薄太后要喝的药，文帝都要亲自尝过后才进献。

【20】晋范乔父粲，仕魏，为太宰中郎。齐王芳被废，粲遂称疾阖门不出，阳狂[①]不言，寝所乘车，足不履地。子孙常侍左右，候其颜色，以知其旨。如此三十六年，终于所寝之车。乔与二弟并弃学业，绝人事，侍疾家庭。至粲没，不出里邑。

| 今译 |

晋代范乔的父亲范粲，曾在魏国担任太宰中郎。因为齐王芳被废黜，范粲假装有病，闭门不出。他装疯不说话，终日睡在车上，脚也不沾地。他的子孙们经常侍奉左右，看他的脸色来判断他的需求。这样长达三十六年，直到他死在他睡的那个车子上。这期间，范乔和两个弟弟都放下学业，谢绝任何应酬，在家里侍候父亲。直到父亲去世，他们都没有离开乡里一步。

| 简注 |

① 阳狂：装疯卖傻。

【21】南齐庾黔娄为孱陵令，到县未旬，父易在家遘疾①，黔娄忽心惊，举身流汗。即日弃官归家，家人悉惊。其忽至时，易病始二日。医云："欲知差剧，但尝粪甜苦。"易泄利，黔娄辄取尝之。味转甜滑，心愈忧苦。至夕，每稽颡北辰，求以身代。俄闻空中有声，曰："徵君寿命尽，不可延，汝诚祷既至，改得至月末。"晦，而易亡。

/

南齐的庾黔娄担任孱陵县令，上任不到十天，他的父亲就在家里得了病。黔娄忽然感到心惊肉跳，全身大汗淋漓。他当下就弃官回到家里，家里的人都非常惊奇。他赶到家里的时候，父亲患病仅两天，医生说："要想知道病的情况，只要尝一下他粪便的甜苦就可以了。"于是，父亲大便后，黔娄就取一些来品尝。粪便的味道转为甜滑，而黔娄的心却越来越忧愁苦闷。一到晚上，他就向北跪拜，乞求用自己的生命来延续父亲的生命。不一会儿，他听到空中有说话的声音："你父亲的寿命尽了，不能再延续，但因为你真诚的祷告，你父亲的死期可以改至月末。"月终，黔娄的父亲果真去世了。

① 遘疾：遭遇疾病。

这几条都是在讲如何处理父母亲生病时的情境和做法。父母生病，尝便、尝药、吮吸疮脓等等，在今天看来是不符合医学常识的，应该予以抛弃。但是对父母的那颗孝爱心却不能抛弃。当父母生病，其实最理性的方式，当然是寻找专业人士，延医就诊。

【22】后魏孝文帝幼有至性，年四岁时，献文患痈，帝亲自吮脓。

后魏孝文帝从小就非常孝顺，他四岁的时候，父亲献文帝患了痈疮，孝文帝亲自为父亲吮吸疮脓。

【23】北齐孝昭帝，性至孝。太后不豫①，出居南宫。帝行不正履，容色贬悴，衣不解带，殆将旬。殿去南宫五百余步，鸡鸣而出，辰时方还；来去徒行，不乘舆辇。太后所苦小增，便即寝伏阁外，食饮药物，尽皆躬亲。太后惟常心痛，不自堪忍。帝立侍帷前，以爪②掐手心，血流出袖。此可谓病则致其忧矣。

今译

北齐孝昭帝，天性非常孝顺。太后不舒服，住在南宫。孝昭帝十分愁苦，走路都走不正，面容憔悴，衣不解带，这样的状态将近十天。宫殿距离南宫有五百多步，昭帝每天天亮鸡叫的时候就去南宫问候太后，到了辰时才回宫；来去都是步行，从来不乘车。太后的病稍微加剧，昭帝就睡在她的卧室门外，太后的饮食和药物，昭帝都要亲自服侍进献。太后常常心痛，不能忍受，昭帝就站在她的床前，以手指掐自己的手心，血从袖口流出来。这就是所谓的父母生病了，子女自己也会忧愁，感同身受。

简注

① 豫：舒服。

② 爪：指甲。

【24】《经》曰："孝子之丧亲也，哭不哀，礼无容，言不文①，服美不安，闻乐不乐，食旨不甘，此哀戚之情也。三日而食，教民无以死伤生，毁不灭性，此圣人之政也。丧不过三年，示民有终也。为之棺椁衣衾而举之，陈其簠簋而哀戚之。擗踊哭泣，哀以送之，卜②其宅兆而安厝③之，为之宗庙④，以鬼享之。春秋祭祀，以时思之。生事爱敬，死事哀戚，生民之本尽矣，死生之义备矣，孝子之事亲终矣。君子之于亲丧，固所以自尽也，不可不勉。丧礼备在方册⑤，不可悉载。"

| 今译 |

《孝经》说："孝子在父母去世以后，哭的时候声嘶力竭，以头触地，没有礼制仪容，说话也不讲究文采，穿漂亮的衣服会感到不安，听到美好的音乐也不会快乐，吃美味佳肴也不感到甘甜，这些都是哀伤悲痛的表现。父母去世后三天就应当吃饭了，这是教人不要因为哀悼死者而伤害到生者的身体，孝子应该悲伤憔悴，但不能危及自己的生命，这是圣人创设的政教方法。孝子守丧不超过三年，这是向人们表明丧亲的哀恸之情也要有一定的期限。子女要为离世的父母准备棺

木和寿衣，举行入殓之礼；要摆设各种祭器表示哀悼；送葬的时候，要捶胸顿足，嚎啕大哭；安放棺木，要占卜吉凶，选择墓地；也要建造宗庙祭祀亡灵。一年四季，子女要祭祀父母，寄托自己对死去父母的哀思。父母在世的时候，子女要敬重他们，当父母去世之后就要好好哀悼他们，子女尽到了自己的责任，死生的大义，也完成了养老送终的义务。君子为父母治丧尽孝，原本就是履行自己的责任，不能不努力做好。关于治丧所应遵循的礼节，典籍里的记载已经很详细，在这里不能细说。"

| 简注 |

① 文：文饰。

② 卜：选择。

③ 安厝：这里指安葬。

④ 宗庙：帝王、诸侯、大夫或士祭祀祖先的处所。

⑤ 方册：典籍。

| 实践要点 |

《孝经》所讲的这些礼仪，在今天很难去按部就班地做，很多具体节目也要调整，其实有一颗哀恸的心才是真正的孝，搞那么多繁文缛节，对逝者也是折腾，对生者也是折磨。父母在生，多关心他们，多和他们吃饭、聊天，让他们快乐，比死了之后再尽孝更实在，那更多的是给在生的人看。

【25】孔子曰："少连、大连①善居丧，三日不怠，三月不解，期悲哀，三年忧，东夷之子也。"高子皋执亲之丧也，泣血三年，未尝见齿②，君子以为难。

| 今译 |

孔子说："少连和大连很会居丧，三日之内不惰怠，三个月之内不松懈，悲哀整整一年，而三年之内一直在忧愁。少连和大连都是东夷之子，尚且如此。"孔子的弟子子皋居丧，整整哀哭了三年，从来没有笑过，连那些很守礼法的君子都认为做到这样很难。

| 简注 |

① 少连、大连：古鲜卑族贤人。
② 见齿：大笑。

【26】颜丁善居丧，始死，皇皇①焉，如有求而弗得；及殡，望望②焉，如有从③而弗及；既葬，慨焉④，如不及其反而息。

春秋时鲁国人颜丁很会居丧，在父母刚去世的时候，他就很彷徨，好像有什么东西想得到却没有得到一样；等到出殡的时候，他就望了又望，对父母亲恋恋不舍，好像急切地想要追随别人，但又没能够追上；在下葬之后，又感到很疲惫，好像再也盼不到亲人回家来歇息的样子。

① 皇皇：彷徨的样子。

② 望望：望了又望，恋恋不舍的样子。

③ 从：追逐，追随。

④ 慨焉：疲惫的样子。

【27】唐太常少卿苏颋遭父丧，睿宗起复为工部侍郎，颋固辞。上使李日知谕旨，日知终坐不言而还，奏曰："臣见其哀毁，不忍发言，恐其殒绝①。"上乃听其终制②。

今译

唐代太常少卿苏颋父亲去世了，这个时候，唐睿宗准备要任命他为工部侍郎，他坚决不接受。皇上派李日知去宣读圣旨，李日知到了苏家，却坐在那里一言不发，他回去禀告皇上说："我见他哀伤过度，面容憔悴，不忍心再去说这些事，怕他听了会昏死过去。"于是皇上允许他服满三年的父丧。

简注

① 殒绝：昏厥。
② 终制：服满三年父丧。

【28】左庶子李涵为河北宣慰使，会①丁母忧，起复本官而行。每州县邮驿公事之外，未尝启口。蔬饭②饮水，席地而息。使还，请罢官，终丧制。代宗以其毁瘠，许之。自余能尽哀竭力以丧其亲，孝感当时，名光后来者，世不乏人。此可谓丧则致其哀矣。

| 今译 |

左庶子李涵在担任河北宣慰使的时候，恰巧母亲去世，可是他这时正被任命为宣慰使在外地公干。于是他每到一个州县，除公事之外，没有再说过话。每天只吃些粗饭，喝口白开水，然后睡在地上。完成出使任务后，他就请求辞官，回去为母亲守丧。代宗因为他过度悲哀而损伤了身体，所以恩准了他。那些能够尽哀竭力为父母亲守丧，并因为孝顺而感动当时的人们，并且名留后代的，每朝每代都有很多。这可以说是在父母去世之后能竭尽悲哀之情的了。

| 简注 |

① 会：恰逢。

② 蔬饭：这里指的是粗食。

【29】古之祭礼详矣，不可遍举。孔子曰："祭如在。"君子事死如事生，事亡如事存。斋三日，乃见其所为斋者。祭之日，乐与哀半，飨之必乐，已至必哀。外尽物，内尽志；入室，僾然必有见乎其位；周还①出户，肃然必有闻乎其容声；出户而听，忾然②必有闻乎其叹息之声。是故先王之孝也，色不忘乎目，声不绝乎耳，心志嗜欲不忘乎心。致爱则存，致悫则著，著存不忘乎心，夫安得不敬乎！齐齐乎③其敬也，愉愉乎④其忠也，勿勿⑤诸其欲其飨之也。《诗》曰："神之格思，不可度思，矧可致思。"此其大略⑥也。

古代的祭礼非常详细，不可能都列举到。孔子说："祭祀要做到就好像先人就在那里一样表现出尊敬态度。"君子祭祀死者就像他活着的时候侍奉他那样。要斋戒三天，然后再去拜见所要祭祀的亡灵。祭祀亡灵的时候，要喜忧参半，提供祭品给亡灵的时候必须高兴，想到父母来后（还得逝去）自己内心又必须要哀伤。在外是竭尽一切物品，内心是竭尽一切诚意。进入家庙之中，仿佛看见先人就坐在那里；祭拜之后，准备走出门的时候，心存敬畏，又好像听到他们在说话一样；出门之后，又好像听到他们的叹息之声。因此先王的孝要做到，去世的亲人形象总是在我的眼前出现，他们的声音也总是萦绕在我的耳畔，他们的喜好也总是在我心间留存。出于对先人的爱，他们永远活在我的心里；出于对先人的诚敬，他们的音容笑貌总是能够清晰浮现出来。这样先人就会在心中永存不忘，我们又怎么能不去尊敬他们呢？恭敬表现为庄重的动作，虔诚表现为和颜悦色的姿态，殷勤周到，只希望所祭祀的亡灵能享用到祭品。《诗经》说："神灵无处不在，不可测度，如果玩忽不敬就会遭到惩罚。"这就是它的大意。

| **简注** |

/

① 周还：周旋，旋转。

② 忔然：叹息的声音。

③ 齐齐乎：整整齐齐的样子。

④ 愉愉乎：愉愉快快的样子。

⑤ 勿勿：勤勉不息的样子。

⑥ 大略：大概。

| **实践要点** |

/

祭礼，这是追远。追远的意义是子孙后代对自己的根之追寻。对祖先的祭祀首先是对先祖的"继续奉养"，这一方面可以唤起对祖先的"孝敬之心"，另一方面，又可使祖先与后人情感相通。祭祀，是人们寻根问祖的好方式。今天的商业社会流动性很大，很多人工作、生活不定所，与自己的兄弟姐妹亦不在同一城市，平时联络情感的方式无非是电话与网络，感情难免淡薄，特别是小孩子之间的情感更没有建立的基础。年轻人参加祭礼活动，便能增进家人间的情感，又能在这种氛围下听听曾祖父母、祖父母们的事迹，这也对凝聚家族为一共同体有重要作用，从这个意义上看，祭礼便是"寻根"活动。知古可鉴今，一家如此，一国亦如此，否则便是不知前生后世了。故国家将清明设为国家法定假日，便有此意，让我们能在清明这日参加家族祭礼，慎终追远。先让我们知道自己一家从何而来，再由此知自己一国从何而来。孔子讲祭神如神在，家祭亦如此。"如"字，体现了"敬畏"的意思，只有敬畏，才可感通。

【30】孟蜀太子宾客李郸，年七十余，享祖考，犹亲涤器。人或代之，不从，以为无以达追慕之意。此可谓祭则致其严矣。

| 今译 |

孟蜀太子宾客李郸，年纪已经七十多岁了，他祭祀祖父的时候，还亲自洗涤祭器。有人想代替他去洗刷，他从来都不允许，认为那样无法寄托自己的思念之情。这就是说的祭祀时就要表现得庄严肃穆。

司马光像

司马温公祠，山西省夏县城北鸣条冈

司马光墓碑楼，司马温公祠内

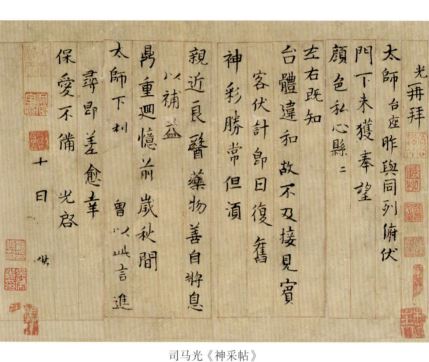

光再拜

太師台座昨與同列俯伏

門下未獲奉望

顏色私心縣二

左右既知

台體違和故不及接見實

神彩勝常但須

客伏計即日復舊

親近良醫藥物善自將息

以補益

舅重迴憶前歲秋間

太師下刑曾以此言進

壽郡善愈幸

保愛不備光啟

十日供

司马光《神采帖》

永昌元年春正月乙卯改元。王敦已臭將作亂謂
長史謝鯤曰　瞱戌辰　隗稱臣輒　退沈充
乙亥詔親帥六事以誅大逆敦兄　敦遣使告梁
侯正當　詔之卓不從徒人　死矣然得　史問計
八煙白鄙　兵討敦於是　說甘卓共討敦祭
軍李梁說卓曰昔　福將軍但　代之矯謂梁曰審
融於天下未嘗之時敢得以交服天子非今此也使大
將　辛且　逆說卓曰王氏　乃露　討廣州
刺史陶　躶嬰城固守甘卓遺承書許以兵出
八書曰吾至　從二月徬趙王勒立　萬圍徐龕
趙王躍自帥擊楊難敵　破之進　疾難敵請糴

司馬光手迹《資治通鑒》殘稿

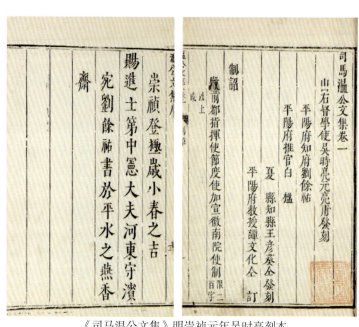

《司马温公文集》明崇祯元年吴时亮刻本

家範卷之一　宋司馬溫公著

周易☰☰ 離下 巽上 家人利女貞。

彖曰家人女正位乎內朝二男正位乎外朝五也家人說女也男女正天地之大義也家人有嚴君焉父母之謂也父父子子兄兄弟弟夫夫婦婦而家道正正家而天下定矣。

象曰風自火出家人由內以相君子以言有物而行有恆家人之道修於近小而不妄也故君子以言必有物而無擇言行必有恆而無擇之始之終而後嚴之則悔吝處家人之初

初九閑有家悔亡志變而後治之則悔吝

《温公家范》清代刻本

【31】《经》曰：身体发肤，受之父母，不敢毁伤，孝之始也。

《孝经》说：人的身体、毛发、皮肤，都是从父母那里获得的，子女不能随意毁坏，这是孝顺父母的开始。

身体发肤受之父母，这背后隐含的是儒家的生命教育。今天很多年轻人轻生自残，就是不知道这个道理。父母如此关心我们的健康和安全，我们难道不应该好好照顾自己吗？

【32】曾子有疾，召门弟子曰："启予足，启予手。《诗》云：'战战兢兢，如临深渊，如履薄冰。'而今而后吾知免夫小子①。"

曾子生病了，他把门人弟子都召集来说："你们揭开我的被，我要看看我的手和脚。《诗经》说：'战战兢兢，如临深渊，如履薄冰。'从今之后我自己知道要免于患难了。"

① 小子：对弟子们的称呼。

【33】乐正子春下堂而伤足，数月不出，犹有忧色。门弟子曰："夫子之足瘳矣，数月不出，犹有忧色，何也？"乐正子春曰："善，如尔之问也！善，如尔之问也！吾闻诸曾子，曾子闻诸夫子曰：'天之所生，地之所养，惟人为大。父母全而生之，子全而归之，可谓孝矣；不亏其体，不辱其身，可谓全矣。故君子顷步而弗敢忘孝也。'今予忘孝之道，予是以有忧色也。一举足而不敢忘父母，一出言而不敢忘父母。一举足而不敢忘父母，是故道而不径，舟而不游，不敢以先父母之遗体行殆；一出言而不敢忘父母，是故恶言不出于口，忿言不反于身。不辱其身，不羞其亲，可谓孝矣。"

乐正子春下堂的时候弄伤了脚，几个月都没有出门，但脸上还带有愁容。他的门人弟子们说："老师您的脚早就痊愈了，您几个月都不出门，怎么脸上还那么忧愁？"乐正子春说："你们问得好！你们问得好！我曾听曾子说，曾子听孔夫子说：'天地之间，人最为尊贵。父母亲把你完整生下来，你就要好好爱惜自己，保护好自己，这就是孝；不要随便损伤自己的身体，这就是全。所以君子即使只迈半步，也不敢忘记孝道。'现在我忘记了孝道，弄伤了脚，所以我面有忧色啊！人在举足之间，都不能忘记父母，一开口说话也不能忘记父母。正因为举足之间不敢忘记父母，所以走路不敢走小路，过河要乘船，而不游泳，这就是不敢以父母受之于自己的身体涉险履危；因为一开口不敢忘记父母，所以不好听的话不说，那些愤恨难听的话也不会回击在自己身上。既不侮辱自己，也不让父母蒙羞，这就可以说是做到孝了。"

【34】或曰："亲有危难则如之何？亦忧身而不救乎？"曰："非谓其然也。孝子奉父母之遗体，平居一毫不敢伤也；及其徇仁蹈义，虽赴汤火无所辞，况救亲于危难乎！古以死徇其亲者多矣。"

有人问："如果父母亲有危险，应该怎么办？子女也要担心自己的身体受到伤害而不去救父母亲吗？"回答说："并不是这样的。孝子对待父母给予的身体，平时连一丝一毫都不敢伤害；可是到了舍身求仁、杀身取义的时候，即便是赴汤蹈火也在所不辞，更何况是在危难之时拯救父母亲呢！自古以来为父母亲献身的人很多很多。"

【35】晋末乌程人潘综遭孙恩乱，攻破村邑。综与父骠共走避贼，骠年老行迟，贼转逼①。骠语综："我不能去，汝走可脱，幸勿俱死。"骠困乏坐地，综迎贼叩头曰："父年老，乞赐生命。"贼至，骠亦请贼曰："儿少自能走，今为老子不去。孝子不惜死，可活此儿。"贼因斫骠，综乃抱父于腹下。贼斫综头面，凡四创，综当时闷绝②。有一贼从傍来会③曰："卿举大事，此儿以死救父，云何可杀？杀孝子不祥。"贼乃止，父子并得免。

晋末乌程人潘综正好赶上孙恩作乱，攻打进村镇里来。潘综和父亲潘骠一起逃跑躲避贼寇，但是潘骠年老行动迟缓，贼寇逐渐逼近。潘骠对儿子潘综说：

"我走不动了，你赶快跑可以脱身，我们不能都在这里等死。"这时潘骠已经因为困乏跑不动了，只好坐在地上，潘综迎着那些冲过来的贼叩头求道："我父亲已经年纪大了，请饶他一命。"等贼寇到了跟前，潘骠也向贼寇求道："我的儿子正年轻，他本来能跑掉，可是他为了我这个父亲才没有走，他是个以死救父的孝子，请你们饶了他吧。"贼寇用刀要去砍潘骠，潘综就将父亲抱在自己的身下。贼寇于是砍到了潘综的头部，一连四刀，潘综当场就昏死过去。这时有一个贼人从旁边跑了过来说："我们是要做大事的，这个人用死来救他的父亲，怎么可以杀他呢？杀孝子不吉利。"于是贼寇就不再砍杀潘综，这对父子一并幸免于难。

| 简注 |

① 转逼：转过方向来追赶、逼近。

② 闷绝：昏死，休克。

③ 会：会合。

【36】齐射声校尉庾道愍所生母漂流①交州，道愍尚在襁褓。及长，知之，求为广州绥宁府佐。至府，而去交州尚远，乃自负担，冒崄自达。及至州，寻求母，经年不获，日夜悲泣。尝入村，日暮雨骤，乃寄止一家。有妪负薪自外还，道愍心动，因访之，乃其母也。于是俯伏②号泣。远近赴之，莫不挥泪。

南朝时齐朝射声校尉庾道愍的亲生母漂泊到交州的时候，庾道愍还是个襁褓中的婴儿。等到他长大，知道了这件事，于是他就请求担任广州绥宁府的府僚。他上任后，绥宁府离交州还很远，于是他就自己背着行囊，冒险去交州。等到了交州，他就寻找自己的亲生母亲，但整整一年也没有找到，于是他日夜哭泣。有一次，他走进一个村庄，天已经黑了，但雨下得很大，他就借宿在一个人家家里。这时，有一个老婆婆背着一些柴草从外边回来，道愍心里似乎有感应，于是向前询问，这个老婆婆果然就是他的亲生母亲。母子重逢，抱头痛哭。远近前来的人，没有不为之感动流泪的。

| 简注 |

/

① 漂流：漂泊。

② 俯伏：俯首伏地，表示恭敬。

【37】梁湘州主簿吉翂，父天监初为原乡令，为吏所诬，逮诣廷尉。翂年十五，号泣衢路①，祈请公卿。行人见者，皆为陨涕②。其父理虽清白，而耻为吏讯，乃虚自引咎，罪当大辟。翂乃挝登闻鼓，乞代父命。武帝嘉异

之，尚以其童稚，疑受教于人，敕廷尉蔡法度严加胁诱，取其款实③。

法度乃还寺，盛陈徽纆④，厉色问曰："尔求代父死，敕已相许，便应伏法。然刀锯至剧，审⑤能死不。且尔童孺，志不及此，必人所教，姓名是谁？若有悔异，亦相听许。"对曰："囚虽蒙弱，岂不知死可畏惮？顾诸弟幼藐⑥，唯囚为长，不忍见父极刑，自延视息。所以内断胸臆，上干万乘。今欲殉身不测，委骨泉壤。此非细故，奈何受人教耶？"法度知不可屈挠，乃更和颜诱，语之曰："主上知尊侯无罪行，当释亮⑦。观君神仪明秀，足称佳童。今若转辞，幸父子同济。奚以此妙年，苦求汤镬⑧？"曰："凡鲲鲕蝼蚁⑨，尚惜其生，况在人！斯岂愿斋粉⑩。但父挂深劾，必正刑书。故思殒仆，冀延父命。"盼初见囚⑪，狱掾依法备加桎梏。法度矜之，命脱其二械，更令著一小者。盼弗听，曰："盼求代父死，死囚岂可减乎？"竟不脱械。法度以闻，帝乃宥其父子。丹阳尹王志求其在廷尉故事并诸乡居，欲于岁首，举充纯孝。曰："异哉王尹！何量盼之薄也。夫父辱子死，斯道固然，若有面目当其此举，则是因父买名，一何甚辱！"拒之而止。此其章章⑫尤著者也。

南朝时梁朝湘州的主簿吉翂，他的父亲在天监初年的时候担任原乡令，被人诬陷，抓起来到廷尉那里接受审讯。当时，吉翂十五岁，他就在大街上嚎啕哭泣，在一些当官的面前为父亲说情。路上的行人看见了都为之落泪。他的父亲本来没有什么罪，但他耻于受狱吏审讯，于是故意承认有罪，而且还罪当斩首。吉翂于是去击打登闻鼓，请求代替父亲去受死。当时梁武帝颇为这个少年称奇，但是又认为他只是个孩子，怀疑背后有人在教他，于是命令廷尉蔡法度严加审问，弄清实际情况。

法度回到衙署，故意多放一些捆绑犯人的绳索，然后大声喝问："你请求代替你的父亲去死，皇上已经同意了，你这就要受刑伏法。但是刀斧无情，为了慎重，再核实一下你的情况。你是个孩子，还不懂得代父去死，一定是有人在背后教你，这人姓甚名谁？你如果后悔了，我们还可以重新考虑。"吉翂回答说："我虽然是个孩子，但是能不知道杀头是十分可怕的事情吗？只是家里几个弟弟都还幼小，只有我最大，我不忍心看着父亲身受极刑，而我自己却独自活在这个世上。所以我自己做主，求见天子，想代父而死，这难道不是实情，还需要让别人来教吗？"蔡法度知道用威吓的办法不能使他屈服，便换了一副温和的面孔，对他说："皇上其实已经知道你父亲是无罪的，应当释放，我看你聪明俊秀，是一个好孩子，你现在如果要改变代父而死的说法，或许你们父子俩都没有事。为什么要用如此好的年华，去白白送死呢？"吉翂回答说："连虫鱼都懂得珍惜自己的生命，何况人呢？我哪里是愿意去送死，只不过父亲被弹劾，必然要受到刑律的处罚，所以我才想着牺牲自己，来救父亲一命。"吉翂刚被拘押的时候，狱吏按规定给他上了枷锁。蔡法度对他有些怜悯，就下令给他摘掉两个刑具，并且让人给他换一个轻一点的刑具。吉翂竟不肯，他说："我请求代替父亲去死，我就是死囚，死囚怎么可以减去刑具呢？"吉翂竟然没有脱下那些刑具，蔡法度把这些事告诉了皇上，皇帝于是赦免了他们父子。后来，丹阳尹王志搜集吉翂在廷尉那里以身救父的事迹，以及他平时在乡里的善举，想在年初的时候推举他为孝顺父母的典范。吉翂说："奇怪啊，王尹！你怎么把我看得那么低下呢？父亲有难，儿子去以死相救，这是很一般的道理呀，如果我成为孝子的典范，那么我就是在用父亲为自己换名声，这是多么耻辱的事呀！"吉翂拒绝了这个建议。这些都是孝行昭著的例子。

| 简注 |

① 衢路：四通八达的道路。

② 陨涕：落泪。

③ 款实：真实详细的情形。

④ 徽纆：捆绑罪烦的绳索。

⑤ 审：慎重考虑。

⑥ 幼藐：幼小。

⑦ 释亮：宽恕，释放。

⑧ 汤镬：把人扔进滚汤中煮死。

⑨ 齑粉：粉末，碎屑。

⑩ 见囚：被囚禁。

⑪ 章章：昭著的样子。

卷五　子下

【1】《书》称舜"烝烝乂，不格奸"，何谓也？曰：言能以至孝，和①顽嚚昏傲②，使进进以善自治，不至于大恶也。

| 今译 |

《尚书》里面说舜是"烝烝乂，不格奸"，这是什么意思呢？这是说舜非常孝顺，他能和心术不正的父亲、不忠诚的母亲以及傲慢的弟弟和睦相处，他用自己的孝行德性来感化他们，同时又加强自身的修养，不至于陷入邪恶之中。

| 简注 |

① 和：和谐，调和。
② 顽嚚昏傲：指舜父、舜母、舜弟。

| 实践要点 |

我们都知道舜的故事，他的后母挑拨离间，唆使他的父亲赶走他，甚至要谋害他，但是舜依然从自己做好，用自己的大孝去感化自己的父母、兄弟。这才是圣君，以德报怨。

【2】曾子耘瓜，误斩其根。皙怒，建大杖以击其臀。曾子仆地而不知人。久之乃苏，欣然而起，进于曾皙曰："向也！参得罪于大人①，用力教参，得无疾乎？"退而就房，援琴而歌，欲令曾皙闻之，知其体康也。孔子闻之而怒，告门弟子曰："参来，勿内②。"曾参自以为无罪，使人请③于孔子。孔子曰："汝不闻乎，昔舜之事瞽瞍，欲使之，未尝不在于侧；索而杀之，未尝可得。小捶则待过，大杖则逃走，故瞽瞍不犯不父之罪，而舜不失烝烝之孝。今参事父，委身④以待暴怒，殪⑤而不避，身既死而陷父于不义，其不孝孰大焉？汝非天子之民乎？杀天子之民，其罪奚若？"曾参闻之，曰："参，罪大矣！"遂造⑥孔子而谢过，此之谓也。

| 今译 |

曾子锄瓜，不小心斩断了瓜的根。父亲曾皙非常生气，举起一根大棍就向曾子的臂膀打过来，曾子摔倒在地，不省人事。过了很久才苏醒过来，曾子高兴地站起来，走到曾皙跟前说道："刚才我得罪了父亲大人，您为教导我而用力打我，

您有没有受伤?"曾子退下回到房里,一边弹琴一边唱歌,想让父亲听见,知道自己的身体早已恢复健康。孔子听说了这些情况非常生气,告诉弟子们说:"如果曾参来了,不要让他进门。"曾参认为自己没有罪过,就请人向孔子请教。孔子对来人说:"你没听说过以前舜侍奉父亲,父亲使唤他的时候,他总是在父亲身边;而父亲要杀他的时候,却找不到他。父亲轻轻责打他的时候,他就站在那里受罚,父亲用大棍打他的时候,他就逃跑,因此他的父亲没有背上不义之父的罪名,而舜自己也没有失去为人之子的孝心。现在曾参侍奉自己父亲,面对暴怒的父亲要打死他的时候,他也不回避。如果他真的死了,那么就会陷他的父亲于不义的境地,相比之下,哪种行为更为不孝呢?曾参你难道不是天子的臣民吗?他的父亲如果杀了天子的臣民,那会犯下多大的罪过呀!"曾参听后说:"我的罪过真的很大呀!"于是曾参拜见孔子向他谢罪。这件事说的就是这个道理。

| 简注 |

/

① 大人:这里是对父亲的尊称。

② 内:通"纳",放进来。

③ 请:请教。

④ 委身:舍弃自己的身体。

⑤ 殪:死。

⑥ 造:造访。

大杖走，小杖受。对父母恳切、恰当的惩罚，我们应该接受它，因为父母这是对我们好；如果父母失去理智，子女也不应该反抗，但是应该逃跑，报警。反抗或与之对打，是对自己内在孝心的伤害，再怎么说，父母生养我们。但这绝不意味着我们面对过度的惩罚坐以待毙，因为父母可能一时"火遮眼"，待到他们冷静下来，他们也会为他们所做的事情而懊恼、悔恨，我们不应该让这样的事情发生。甚至，还有可能违犯《未成年人保护法》，切不能让父母亲犯下这样的罪行，要遏制在萌芽的状态下，绝不能陷父母于不义的境地。

【3】或曰：孔子称色难。色难者，观父母之志趣，不待发言而后顺之者也。然则《经》何以贵于谏争乎？曰：谏者，为救过也。亲之命可从而不从，是悖戾也；不可从机时从之，则陷亲于大恶。然而不谏是路人，故当不义则不可不争也。或曰：然则争之能无咈①亲之意乎？曰：所谓争者，顺而止之，志在必于从也。孔子曰："事父母几谏。见志不从，又敬不违，劳而不怨。"《礼》："父母有过，下气怡色，柔声以谏。谏若不入，起②敬起孝。说则复谏。不说，则与其得罪于乡党州闾，宁熟谏。父母怒，不说而挞之流血，不敢疾怨，起敬起孝。"又

曰："事亲有隐而无犯。"又曰："父母有过，谏而不逆。"又曰："三谏而不听则号泣而随之，言穷无所之也。"或曰：谏则彰亲之过，奈何？曰：谏诸内，隐诸外者也，谏诸内则亲过不远③，隐诸外故人莫得而闻也。且孝子善则称④亲，过则归己。《凯风》曰："母氏圣善，我无令人。"其心如是，夫又何过之彰乎？

| 今译 |

有人说：孔子认为察言观色最难。察言观色之所以难，指的是子女要善于观察父母的兴趣爱好，不等他们开口就能顺应父母的需求。既然这样，《孝经》又为什么要以子女劝谏父母为难能可贵呢？回答是：对父母进行劝谏，是为了挽救父母的过失。当父母的吩咐正确要去遵从的时候，子女却不遵从，这样子女就犯了错误。当父母的吩咐不对，子女不应该服从却要去服从，这就会导致父母犯错。如果子女不劝谏父母，那就形同陌路之人，所以当父母有不义言行的时候，子女就不得不对父母进行劝谏。有人说劝谏父母那不是要违背父母的意愿了吗？这里所说的劝谏，是在顺从父母意愿的前提下，去阻止他们一些不对的做法，而且一定要做到让他们听从自己的意见。孔子说："侍奉父母，如果他们有什么过失，只能委婉地规劝他们，如果自己的意见没有被采纳，仍然要对父母恭敬，而不能有任何抵触情绪，为父母操劳而没有怨恨。"《礼记》说："父母有过错，子女要和颜悦色，柔声下气劝谏。如果父母不听，子女要更加恭敬，以孝心来感化他们，等到父母高兴的时候，子女就再次劝谏他们，父母要是不高兴，那么与其让父母得罪乡邻，不如多次向父母劝谏。父母如果生气了，把子女打得流血，子女也不能怨恨，仍然要孝敬父母。"又说："子女侍奉父母亲，可以为他们遮掩过错，却不能违忤他们。"又说："父母有过错，劝谏他们却不违忤他们。"又说："子女多次劝谏，父母还不接受，子女就要跟在父母的身边大声哭泣，这是已经到了毫无办法的时候了。"有人说：劝谏父母就会显示出他们的过错，这要怎么办呢？回答是：子女要在家里对父母进行劝谏，但当着外人的时候就要替父母隐瞒。在家里劝谏，父母的过错就不会在外张扬；在外隐瞒，别人就不会知道父母的过错。况且，孝子总是把善行归功于父母，而把过错归咎于自己。《凯风》里说："母亲圣善贤良，而我自己是个品德不好的人。"子女的孝心如果能这样，又怎么会显示出父母的过错呢？

︱ 简注 ︱

①　咈：违背。

②　起：更加。

③　不远：不在外张扬。

④　称：称赞。

这一条讲在父母亲犯错的时候，如何去规劝父母。这里讲的是小的过错，而不是大的罪过或者犯罪的行为。父母犯错，我们一定要规劝，但不能颐指气使，把自己放在一个高高在上的位置，言辞上一定要婉转，这样既能让父母意识到错误，真心诚意改正，也要让父母脸面上过得去，不要伤了他们做父母的威严，所以，规劝父母要讲究策略和方法，需要智慧。

【4】或曰：子孝矣而父母不爱，如之何？曰：责己而已。昔舜父顽、母嚚、象傲，日以杀舜为事。舜往于田，日号泣于旻天。于父母负罪引慝①，只载见瞽瞍，夔夔斋栗，瞽瞍亦允。若诚之至也，如瞽瞍者犹信而顺之，况不至是者乎？

| 今译 |

有人说：如果子女很孝顺父母，但是父母没有慈爱之心，那该怎么办呢？回答是：如果有这样的情况，子女应该从自己那里寻找原因。从前舜的父亲凶狠而心术不正，母亲不忠诚，弟弟象非常傲慢，他们每天都想把舜杀死。舜最初在历山耕作的时候，就为父母所嫉恨，每天都朝天哭泣。但是，他对待父母，仍然克

己自责，非常恭敬地侍奉父母。每次见父亲的时候，他都是恭敬而畏惧的样子，最后舜的父亲终于和他和睦相处。如果子女有一颗至诚的孝心，像瞽瞍那样凶悍的父亲都能够被感化，与他和睦相处，何况那些本来天性就不错的父母呢？

| 简注 |

① 慝：罪恶。

| 实践要点 |

儒家的伦理主张是从自己开始去反省自律的。其实，在日常生活中，我们也能体会得到，很多时候，我们只要叩问自己良知没有亏欠，靠自己的能力去影响周围的人就可以了，我们没有办法要求其他人去做什么。这样说起来似乎有一点悲观的情绪，但是，如果这个社会是良性的环境秩序，人与人之间确实是能够互相感应的。我们孝顺父母，父母自然能感应到，并予以我们回应；我们友爱自己的兄弟，兄弟也自然能够感应到，并予以我们回应；妻子、子女、同事，甚至陌生人亦如是。我们要做一个乐观的人，假如我们因着一些对人性的悲观情绪便不去迈出第一步，那这个世道还会变好吗？走出自己，迎接他人，或许我们会失望，但或许那是一片广阔的天空。

【5】曾子曰："父母爱之，喜而不忘；父母恶之，惧而弗怨。"汉侍中薛包，好学笃行。丧母，以至孝闻。及父娶后妻而憎包，分出之。包日夜号泣，不能去。至被殴杖，不得已，庐于舍外，旦入而洒扫。父怒，又逐之。乃庐于里门，晨昏不废。积岁余，父母惭而还之。

| 今译 |

／

曾子说："父母喜爱子女，子女高兴而不忘记；父母讨厌子女，子女畏惧却不怨恨。"汉代的侍中薛包，勤奋好学，品德高尚。母亲去世的时候，他就以孝顺而远近闻名。后来，父亲娶了一个后妻，就开始厌恶薛包，于是把他赶出去居住。薛包日夜号哭，不愿离去。父母用木棍打他，他不得已就在父母住的地方外面建一个小草庐居住。每天早晨他都早早起来给父母洒扫庭院。父亲非常生气，又赶走他。于是他又在巷口建个小草庐居住，晨省昏定的礼节从来都没有缺失。过了一年多，父母终于感到惭愧，于是把他叫回了家。

【6】晋太保王祥至孝，早丧亲，继母朱氏不慈，数谮之，由是失爱于父，每使扫除牛下①，祥愈恭敬。父母有疾，衣不解带，汤药必亲尝。有丹柰结实，母命守之，每风雨，祥辄抱树而泣。其笃孝纯至如此。母终，居丧毁悴，杖而后起。

晋代太保王祥非常孝顺，他自幼丧母，继母朱氏没有慈爱之心，几次在他父亲面前诬陷他，因此父亲也不再疼爱他，父母经常让他打扫牛棚，可他却对父母越来越恭谨。父母生病了，他衣不解带，小心侍候。给父母喂汤药之前，他一定要亲口尝一下汤药。家里有一棵丹柰树结了果实，继母叫他看护，每次刮风下雨的时候，王祥就抱着丹柰树哭泣。他就是如此的诚实孝顺纯厚真挚。继母死后，他在家守丧，因过度哀伤而导致身体损伤，要拄着拐杖才能站起来。

简注

① 牛下：牛的排泄物。

【7】西河人王延，九岁丧母，泣血三年，几至灭性①。每至忌月，则悲泣三旬。继母卜氏，遇之无道，恒以蒲穰及败麻头与延贮衣。其姑闻而问之，延知而不言，事母弥谨。卜氏尝盛冬思生鱼，敕延求而不获，杖之流血。延寻汾凌而哭，忽有一鱼长五尺，踊出冰上，延取以进母。卜氏心悟，抚延如己生。

| 今译 |

西河人王延，他九岁的时候母亲去世，他整整哀哭了三年，几乎要死去。此后，每一年母亲的忌月，他还要天天悲哭。他的继母卜氏，对他很不好，经常用乱草和破麻给王延做衣服。王延的姑姑听说后，就去问王延，王延却不把这些事告诉姑姑，而且更加谨慎地侍奉继母。有一次，继母卜氏在大冬天想吃活鱼，就让王延去寻鱼，王延没有弄来活鱼，继母就用木棒打他，打到他流血。这时，王延沿着汾河的积冰边走边哭，忽然有一条五尺多长的鱼跃出冰面，王延赶紧拿着去进献给继母。这时，卜氏心里有所悔悟，从此之后，她抚养王延就像抚养自己的孩子一样。

/

① 灭性：毁灭生命。

【8】齐^①始安王谘议刘沨父绍仕宋，位中书郎。沨母
早亡，绍被敕纳路太后兄女为继室。沨年数岁，路氏不以
为子，奴婢辈捶打之无期度^②。沨母亡日，辄悲啼不食，
弥为婢辈所苦。路氏生湹，沨怜爱之，不忍舍，常在床帐
侧。辄被驱捶，终不肯去。路氏病，经年，沨昼夜不离左
右。每有增加^③，辄流涕不食。路氏病瘥，感其意，慈爱
遂隆。路氏富盛，一旦为沨立斋宇，筵席不减侯王。

| 今译 |

/

南齐始安王的谘议参军刘沨的父亲刘绍，在宋做官，位至中书郎。刘沨的母
亲很早就去世了，刘绍被皇上下令纳路太后哥哥的女儿为继室。这时刘沨才只有
几岁，继母路氏不把他看作自己的孩子，连那些奴婢们都时不时地打他。每年刘
沨生母忌日的时候，他就悲痛哭泣不能进食，这就更加被那些奴婢们所欺侮。后
来，路氏生下一个孩子叫湹，刘沨非常喜爱他，不忍心和他分开，经常守在床帐
边。尽管常常被驱赶捶打，但是刘沨还是不肯离开。后来，路氏生了大病，大概

有一年的时间，刘渢认真侍候路氏，从白天到黑夜都不离开继母身边。路氏的病情一旦加重，他就痛哭流涕，吃不下饭。路氏的病好之后，被他的一片孝心所感动，于是对他非常慈爱。路氏非常富足，在给刘渢成家的时候，为他设宴席招待宾朋，婚宴的规模可以和当时的王侯媲美。

简注

① 齐：南齐。

② 期度：限度。

③ 增加：病情加重。

【9】唐宣歙观察使崔衍父伦为左丞，继母李氏不慈于衍。衍时为富平尉，伦使于吐蕃，久方归。李氏衣敝衣以见伦，伦问其故，李氏称伦使于蕃中，衍不给衣食。伦大怒，召衍责诟①，命仆隶拉于地，袒其背，将鞭之。衍泣涕终不自陈。伦弟殷闻之，趋往以身蔽衍，杖不得下，因大言②曰："衍每月俸钱皆送嫂处，殷所具知，何忍乃言衍不给衣食？"伦怒乃解。由是伦遂不听李氏之谮。及伦卒，衍事李氏益谨。李氏所生次子，每多取母钱③，使其主以书契④征负⑤于衍，衍岁为偿之。故衍官至江州刺史而妻子衣食无所余。子诚孝而父母不爱，则孝益彰矣，何患乎？

唐代宣州歙县观察使崔衍的父亲崔伦担任左丞，继母李氏对崔衍很不好。崔衍当时担任富平尉，父亲崔伦出使到了吐蕃，很长时间后才回来。李氏故意穿着破衣去见崔伦，崔伦问她为什么穿得这么破烂，李氏就谎称丈夫出使吐蕃期间，崔衍不给她饭吃，也不给她衣服穿。崔伦听了后非常生气，把崔衍叫来责骂，并命令仆人将崔衍摁倒在地，揭开后背，准备鞭打他。崔衍只是哭泣，但是不说明事情的原委。崔伦的弟弟崔殷知道这件事情后，赶快跑上前去，用身体遮挡住崔衍，让鞭杖打不到崔衍，于是大声说："崔衍每月的俸钱全部都送到了嫂子那里，我都知道，你怎么忍心说崔衍不赡养你呢？"崔伦的怒气这才消解。从此之后，崔伦不再听信李氏的诬告。等到崔伦死后，崔衍侍奉李氏更加谨慎。李氏生的孩子，经常向别人借钱，然后与债主订立契约，让崔衍来付债，崔衍每年都为他偿还债务。因此，崔衍虽然官至江州刺史，但他的妻子儿女仍然生活困难。子女非常孝顺而父母不慈爱，那么他孝顺的美名将更加远扬，这又有什么可担心的呢？

│ 简注 │

① 责诟：责骂。

② 大言：大声说话。

③ 母钱：这里指借贷的本钱。

④ 书契：借据。

⑤ 征负：索取欠钱。

【10】或曰：妻子失亲之意则如之何？曰:《礼》:
"子甚宜①其妻，父母不说，出。子不宜其妻，父母曰:
'是善事我。'子行夫妇之礼焉，没身不衰。"

| 今译 |

／

有的人说：儿媳妇如果失去了公婆的喜爱，那应该怎么办呢?《礼记》对这
个问题作了回答："儿子非常喜欢他的妻子，但父母亲不喜欢，儿子也只能把她
休掉。儿子不喜欢他的妻子，但父母亲说：'她很会侍奉我。'那么儿子就要和他
的妻子过下去，白头到老。"

| 简注 |

／

① 宜：喜爱。

| 实践要点 |

／

妻子当然要尽儿媳该尽的职责，孝顺公婆，和顺家庭，但是娶妻不只是为了

侍奉公婆，婚姻是两个人爱情结晶，水到渠成的结果。如果妻子真的是德性有问题，那么与她解除婚约当然可以。如果只是因为一些不涉及根本原则的磕磕碰碰，就要跟女方解除婚约，这是毫无道理可言的。另外，今天的父母除了真是品行操守的问题之外，也不应该去干涉子女的婚姻自由。

【11】汉司隶校尉鲍永，事后母至孝。妻尝于母前叱狗，永去之。

| 今译 |

汉代的司隶校尉鲍永，对继母非常孝顺。他的妻子有一次当着继母的面呵斥狗，鲍永就把她休掉了。

【12】齐征北司徒记室刘，母孔氏，甚严明。年四十余未有婚对，建元中，高帝与司徒褚彦回为娶王氏女。王氏穿壁挂履，土落孔氏床上，孔氏不悦，即出其妻。

／

南齐征北司徒记室刘，母亲孔氏，治家非常严明。刘四十多岁的时候还没有娶上媳妇，建元年间，高帝和司徒褚彦回为他娶王氏女为妻子。有一次王氏在墙上钉钉子挂鞋，这时有些尘土掉落在孔氏的床上，孔氏有些不高兴，于是刘就把自己的妻子休掉了。

【13】唐凤阁舍人李迥秀，母氏庶贱，其妻崔氏尝叱媵婢^①，母闻之不悦，迥秀即时出妻。或止之曰："贤室虽不避嫌疑，然过非出状，何遽如此？"迥秀曰："娶妻本以养亲，今违忤颜色，何敢留也！"竟不从。

| 今译 |

／

唐代凤阁舍人李迥秀，他的母亲出身低微，妻子有一次呵斥奴婢，母亲听后很不高兴，迥秀立刻就休掉了妻子。有人劝他说："你妻子虽然不避嫌疑，伤害了你母亲，但她的过失还不至于如此，为什么这么急躁就要休掉她呢？"李迥秀回答说："我娶妻子就是为了赡养母亲，现在妻子竟然让母亲不高兴，我怎么敢再留她在家里呢？"李迥秀最终还是没有听从劝告。

① 媵婢：随嫁的婢女。

【14】后汉郭巨家贫，养老母，妻生一子三岁，母常减食与之。巨谓妻曰："贫乏不能供给，共汝埋子。子可再有，母不可再得。"妻不敢违，巨遂掘坑二尺余，得黄金一釜。或曰："郭巨非中道。"曰："然以此教民，民犹厚于慈而薄于孝。"

┃ 今译 ┃

╱

后汉郭巨家里很穷，奉养着老母亲。妻子生下一个孩子三岁了，郭巨的母亲常常自己少吃一点东西，省下来给小孙子吃。郭巨对妻子说："咱家贫穷不能让全家人都吃饱，你与我一起把孩子埋掉吧。孩子我们还可以再生，但母亲不可能再有。"妻子不敢违背，郭巨于是挖了一个二尺深的坑，却意外地发现里边有一釜黄金。有人议论说："郭巨虽然是个孝子，但他的做法不仁道。"回答说："然而，用这样极端的事例来教化民众，民风仍然是厚于子女，而薄于孝道。"

／

这是一个无奈的故事。主人公郭巨的家境非常贫寒，到了难以为继的地步，郭巨的母亲宁愿自己少吃，也要留些东西给小孙子吃，这是祖母对小孙子的怜爱。郭巨见到此景，心疼母亲，想要把小儿子活埋，这个想法的初衷是对母亲的孝顺，可是在今天看来却是残忍的。为什么要强调说是在今天看来呢？在古典世界里，无论中国，还是西方，孩童的生命几乎是没有价值的。如果看过《斯巴达三百勇士》这部影片，就会知道生下来身体比较羸弱或者有残疾的婴儿都被无情抛弃了。中国古代逢战乱之时，也出现过易子而食的残酷场景。因为在落后的生产力条件下，婴儿或孩童是很难有所贡献的。相反，在农业社会或游牧民族，老人对生产的经验则是非常宝贵的，所以，与现代社会相比，古代的老人其生命价值要比小孩高得多。《圣经》里面讲亚伯拉罕将自己的两个儿子献祭给上帝，郭巨是将自己的儿子献祭给对母亲的孝顺之道，在他们眼里，婴孩可能只是一件依附在自己身上的财产而已。

【15】或曰：五母①在礼，律皆同服。凡人事嫡、继、慈、养之情，乌能比于所生。或者疑于伪与。曰：是何言之悖也？在《礼》：为人后者，斩衰②三年。传曰：何以三年也？受重者必以尊服服之。

何如而可为之后？

同宗③则可为之后。如何而可以为人后？支子④可也。为所后者之祖、父母、妻、妻之父母、昆弟、昆弟之子若子。继母如母。传曰：继母何以如母？继母之配父⑤与因母⑥同。故孝子不敢殊也。慈母如母。传曰：慈母者，何也？妾之无子者、妾子之无母者，父命妾曰："以为子。"命子曰："女以为母。"若是，则生养之，终其身如母，死则丧之三年如母，贵父之命也。况嫡母，子之君也，其尊至矣。

梁中军田曹行参军庾沙弥嫡母刘氏寝疾⑦。沙弥晨昏侍侧，衣不解带。或应针灸，辄以身先试。及母亡，水浆不入口累日⑧。初进大麦薄饮，经十旬，方为薄粥，终丧不食盐酱。冬日不衣绵纩，夏日不解衰绖，不出庐户，昼夜号恸，邻人不忍闻。所坐荐泪沾为烂。墓在新林，忽有旅松⑨百许株枝叶郁茂，有异常松。刘好啖甘蔗，沙弥遂不复食之。汉丞相翟方进，既富贵，后母犹在，进供养甚笃。太尉胡广年八十，继母在堂，朝夕瞻省，旁无几杖⑩，言不称老。汉显宗命马皇后母养肃宗，肃宗孝性纯笃，母子慈爱，始终无纤介之间。帝既专以马氏为外家，故所生贾贵人不登极位。贾氏亲宗，无受宠荣者。及太后崩，乃策书加贵人玉赤绶而已。古人有丁兰者，母早亡，不及养，乃刻木而事之。彼贤者，孝爱之心发于天性，失其亲而无所施，至于刻木，犹可事也，况嫡继慈养之存乎？圣人顺贤者之心而为之礼，岂有圣人而教人为伪者乎？

| 今译 |

有人说：对于亲生母亲、嫡母、继母、慈母和养母，法律规定为她们服丧时都要穿同样的丧服。人们对嫡母、继母、慈母和养母的感情，都无法与生身母亲相比，所以为嫡、继、慈、养四母服丧，那都是一种伪善行为。这种观点太违背常理了！《礼记》说：作为后代子孙，服丧时应该穿斩衰服三年。《传》的解释是这样的：为什么要穿斩衰服三年呢？这是因为一定要穿最能表示对亡者尊崇的丧服，才能表现出对逝者的最大尊重。

怎样才算是家族的后代呢？只要是同宗的就可以是后代子孙。怎样才算是一个人的后代呢？支子就可以。祖父、父母、妻子、妻子的父母、兄弟、兄弟的儿子和亲子是一样的。继母和亲生母亲一样的。《传》解释说：继母为什么和亲生母亲是一样的呢？因为继母和生母是同一个丈夫。所以孝子不敢区别对待。慈母和亲生母亲是一样的。《传》解释说：慈母是什么人？没有子女的妾和其他妾生的孩子而又失去生母的，父亲命令妾说："你把他当作你的亲生子来抚养。"又对孩子说："你把她当作你的亲生母亲来孝敬。"这样，慈母抚养你，你一生都要像亲生母亲一样对待慈母，慈母死后，要像生母一样为她服丧三年。这是因为尊重父命。至于嫡母，她是父亲的正妻，其尊贵是达到顶点的。

梁代中军田曹行的参军庾沙弥的嫡母刘氏患病卧床，沙弥每天从早到晚在她身边侍候，睡觉的时候都衣不解带，有时需要针灸，沙弥就先用自己的身体试验。等到嫡母去世，沙弥好几天一点东西都吃不下，后来才能开始吃一点大麦面糊，一百天后，他才能吃些稀饭，服丧期间他从来不吃盐酱。他冬天不穿棉衣服，夏天也不脱丧服，从不出家门，日夜痛哭，邻居都不忍心听到他的哭声。他坐的草垫被泪水浸湿腐烂。嫡母的墓葬在新林，忽然长出一百多株枝繁叶茂的旅松，不同于一般的松树。嫡母生前喜欢吃甘蔗，沙弥从此就再也不吃甘蔗了。汉代宰相翟方进发达之后，他的继母仍然健在，他奉养继母非常孝顺。太尉胡广八十岁的时候，继母仍然健在，他朝夕侍奉，晨省昏定，在继母面前从来不用拐杖，也不敢说自己年纪大。汉显宗让马皇后像生母一样抚养肃宗，而肃宗也非常孝顺，他们母子慈爱，始终都没有一点隔阂。肃宗把马氏一家当作自己的外戚，所以生他的贾贵人没有被立为太后，贾氏宗族的人，也没有一个得宠沾光的。等到太后马氏去世后，肃宗才下诏赐给生母贾贵人一个玉赤绶，如此而已。古代有一个叫丁兰的人，他的母亲死得早，他没有来得及奉养，他成人之后就用木头刻了一个母亲的雕像来侍奉。那些有德行的人，孝敬父母之心都出于自己的本性，父母去世之后不能侍奉了，还要刻牌位来继续供奉，何况嫡母、继母、慈母、养母还在世呢？古代的圣人依据那些有德行的人的心制定了礼则，哪里有圣人教人去做假的呢？

简注

① 五母：这里指嫡母、继母、慈母、养母和亲生母。

② 斩衰：丧服名，这是五种丧服中最能表示对逝者的敬重一种。

③ 同宗：同一家族。

④ 支子：除继承先祖的嫡长子以外的儿子，嫡妻的次子以下及妾子都是支子。

⑤ 配父：作为父亲的配偶。

⑥ 因母：亲生母亲。

⑦ 寝疾：卧病。

⑧ 累日：连续数日。

⑨ 旅松：不种而自己生长出来的松树。

⑩ 几杖：坐几和手杖。

【16】葬者，人子之大事。死者以窀穸①为安宅，兆而未葬，犹行而未有归也。是以孝子虽爱亲，留之不敢久也。古者天子七月，诸侯五月，大夫三月，士逾月。诚由礼物有厚薄，奔赴有远近，不如是不能集也。国家诸令，王公以下皆三月而葬，盖以待同位外姻之会葬者适时之宜，更为中制②也，《礼》：未葬不变服，啜粥，居倚庐③，寝苦枕块，既虞而后有所变。盖孝子之心，以为亲未获所安，已不敢即安也。

　　父母去世后安葬父母尸身，是为人子女的一件大事。去世的人把墓穴当作自己的房屋，为死者选好墓地却未能埋葬，就像活着的人远行而没有归家一样。因此孝子虽然爱戴自己的父母，但是也不敢留下他们的遗体太久。古代规定皇帝去世后七个月就要下葬，诸侯是五个月，大夫是三个月，一般士民则是一个多月。因为送葬的礼物有厚薄，来参加葬礼的亲朋路程也有远近之别，所以必须分别规定期限，那些参加葬礼的人和礼物才能够聚齐。国家法令规定，王公以下的人死后三个月都要安葬，大概是要等待亲戚朋友都会来齐，这样更合适。《礼记》说：父母去世了却没有安葬，子女不能更换丧服，只能吃点稀饭，住在临时搭盖的简陋的棚子里，睡在草席上面，用土块作为枕头。等到父母的尸身安葬拜祭以后，穿戴居处才能有所改变。这大概是因为孝子的内心觉得父母的尸身没有安葬好，自己也不敢有好的居所。

| 简注 |

① 窀穸：墓穴。

② 中制：符合制度。

③ 倚庐：用倚木做的房子。

【17】汉蜀郡太守廉范，王莽大司徒丹之孙也。父遭丧乱，客死于蜀汉，范遂流寓西州。西州平，归乡里。年五十，辞母西迎父丧。蜀都太守张穆，丹之故吏，重资送范。范无所受，与客步负丧归葭萌。载船触石破没，范抱持棺柩，遂俱沉溺。众伤[①]其义，钩求得之，疗救仅免于死，卒得归葬。

| 今译 |

后汉蜀郡太守廉范，是王莽的大司徒廉丹的孙子。父亲遭遇战乱，客死于蜀汉，于是廉范就寄居在西州。西州平定之后，他回到家乡。五十多岁的时候，他辞别母亲到西蜀去迁葬亡父。蜀都太守张穆是廉丹的部下，送给廉范很多钱财，廉范坚决不接受，和人一起护着亡父的棺柩步行回到葭萌县。当时，他们乘坐的船只触碰到礁石破裂沉没，廉范就抱着父亲的棺柩一起沉入水中。众人被他的孝心感动，将他和棺柩一起救起。经过抢救，廉范得以生还，终于回到家乡把父亲安葬好。

| 简注 |

① 伤：哀悼，忧思。

【18】宋会稽贾恩，母亡未葬，为邻火所逼，恩及妻柏氏号泣奔救。邻近赴助，棺榇得免，恩及栢氏俱烧死。有司奏，改其里为"孝义里"，蠲租布三世，追赠恩显亲左尉。

　　南朝宋会稽的贾恩，母亲去世后还未来得及安葬，正好碰上邻居家失火，烧到了自己家的院子。贾恩和妻子柏氏一边哭泣，一边救火。邻近的人也都赶来帮助救火，贾母的棺柩最终保住了，但是贾恩和妻子却都被烧死了。地方官奏请皇上，将贾恩居住的里弄改名为"孝义里"，同时免除这里的人三代的赋税，并追封贾恩为显亲左尉。

【19】会稽郭原平，父亡，为茔圹①凶功②不欲假人，己虽巧而不解作墓，乃访邑中有茔墓者，助之运力③，经时展勤，久乃闲练。又自卖丁夫④以供众费。窀穸之事，俭而当礼，性无术学，因心自然。葬毕，诣所买主，执役无懈，与诸奴分务，让逸取劳，主人不忍使，每遣之。原平服勤，未尝暂替⑤。佣赁养母，有余聚以自赎。

　　会稽的郭原平，父亲去世，他不愿意让别人来修造墓室，他自己虽然心灵手巧，却不会修造墓室，于是他寻找镇上专门营建墓室的匠人，帮他干活，经过一段时间的勤学苦练，他终于学会了。他又靠出卖自己的劳力，来解决为父亲下葬所需的费用。营造墓穴，应当既简单又符合礼仪，本来也没有什么学问，只要心诚合乎礼法就可以了。郭原平安葬父亲后，就去那些雇佣他劳动力的买主家，认真勤恳地干活。在分工的时候，他总是把轻松的活让给别人，自己选择脏活累活。主人不忍心差使他，常常让他回去，但原平毫不懈怠，从来不让别人替代他。他靠做佣人来养活母亲，如果生活有盈余，就省下来用来为自己赎身。

| 简注 |

① 茔圹：墓地。

② 凶功：丧事。

③ 运力：体力劳动。

④ 丁夫：这里指干苦活的役夫。

⑤ 替：衰落，松懈。

【20】海虞令何子平，母丧去官，哀毁①逾礼，每至哭踊，顿绝方苏。属大明末，东土饥荒，继以师旅，八年不得营葬。昼夜号哭，常如袒括②之日，冬不衣絮，暑不就清凉，一日以数合米为粥，不进盐菜。所居屋败，不蔽风日，兄子伯与欲为葺理，子平不肯，曰："我情事未伸，天地一罪人耳，屋何宜覆？"蔡兴宗为会稽太守，甚加矜赏，为营冢圹。

| 今译 |

／

海虞令何子平，母亲去世后，他辞官居丧。他哀悼自己的母亲超过了一般的礼节，每次哭丧的时候，他都昏死过去，好半天才苏醒过来。这时正是大明末，东部地区闹饥荒，接着又是战乱，他八年都无法安葬母亲。这期间，他昼夜号哭，就好像在服丧期间一样。他冬天不穿棉衣，夏天不乘凉，每天仅吃很少的一点粥，不吃咸盐和蔬菜。他所住的房屋破败不堪，不能遮蔽风雨，他的侄儿伯与想为他修房，何子平都不同意，他说："我安葬母亲的事还没有完成，是一个有罪的人，怎么能住好的房子呢？"当时，蔡兴宗担任会稽太守，对他大加表彰和奖赏，并为他的母亲修建了墓室。

/

① 哀毁：因为过度悲哀而使容貌损坏。

② 袒括：指丧礼。

【21】新野庾震丧父母，居贫无以葬，赁书①以营事，至手掌穿，然后成葬事。贤者于葬，何如其汲汲②也。今世俗信术者妄言，以为葬不择地及岁月日时，则子孙不利，祸殃总至，乃至终丧除服，或十年，或二十年，或终身，或累世，犹不葬，至为水火所漂焚，他人所投弃，失亡尸柩，不知所之者，岂不哀哉！人所贵有子孙者，为死而形体有所付也。而既不葬，则与无子孙而死道路者奚以异乎？《诗》云："行有死人，尚或之。"况为人子孙，乃忍弃其亲而不葬哉！

| 今译 |

/

　　新野的庾震父母亲去世了，家里很贫穷无法安葬，他就靠为别人写字挣钱来安葬父母，写到手掌都破损了，才凑够钱安葬了父母。那些贤达之人安葬去世的父母，心情是如此急切。现在那些信奉巫术的人胡说八道，认为安葬亡父亡母如果不占卜选择风水宝地和吉利的时辰，就会对子孙不利，最后招惹各种祸事。以至于这些人三年服丧结束、脱掉孝服之后，有的十年，有的二十年，有的甚至终身、好几代，都不去安葬死去的父母。让父母的遗体被水毁火焚，或者被他人丢弃，连尸首都找不着。这难道不悲哀吗？人们希望有自己的子孙，就是为了在去世之后有人来安葬自己。既然不安葬，那么跟没有子孙而死在荒野之外无人收尸有什么区别呢？《诗经》说："路上如果碰到死去的人，还有人来掩埋他。"更何况是为人子孙，怎么能忍心抛弃自己的父母不去安葬呢？

| 简注 |

① 赁书：受雇为人写信。

② 汲汲：心情急切的样子。

【22】唐太常博士吕才《叙葬书》曰："《孝经》云：'卜其宅兆而安厝之'。盖以窀穸既终，永安体魄，而朝市迁变，泉石交侵，不可前知，故谋之龟筮。近代或选年月，或相墓田，以为一事失所，祸及死生。按《礼》，天子、诸侯、大夫葬，皆有月数，则是古人不择年月也。《春秋》：'九月丁巳葬宁公，雨，不克葬；戊午日中，乃克葬。'是不择日也。郑简公司墓之室当道，毁之则朝而

窆，不毁则日中而窆，子产不毁。是不择时也。古之葬者，皆于国都之北，域有常处，是不择地也。今葬者，以为子孙富贵贫贱夭寿，皆因卜所致。夫子文为令尹而三已，柳下惠为士师而三黜，讨其丘垄，未尝改移。而野俗无识，妖巫妄言，遂于躄踊之际，择葬地而希官爵；荼毒之秋，选葬时而规财利。"斯言至矣。夫死生有命，富贵在天，固非葬所能移。就使能移，孝子何忍委其亲不葬而求利己哉？世又有用羌胡法，自焚其枢收烬骨而葬之者，人习为常，恬莫之怪。呜呼！讹俗悖戾，乃至此乎？或曰：旅宦远方，贫不能致其枢，不焚之何以致其就葬？曰：如廉范辈，岂其家富也？延陵季子有言："骨肉归复于土，命也，魂气则无不之也。"舜为天子，巡狩至苍梧而殂，葬于其野。彼天子犹然，况士民乎！必也无力不能归其枢，即所亡之地而葬之，不犹愈于毁焚乎？或曰：生事之以礼，死葬之以礼，祭之以礼，具此数者，可以为大孝乎？曰：未也。天子以德教加于百姓，刑于四海为孝；诸侯以保社稷为孝；卿大夫以守其宗庙为孝；士以保其禄位为孝。皆谓能成其先人之志，不坠其业者也。

　　唐朝的太常博士吕才写的《叙葬书》说："《孝经》里讲：'占卜葬地来安葬死者'。这大概是因为墓穴是终老之地，逝者的灵魂永远在这里安居，而世上的事常有变迁，引水动土经常会毁坏墓地，人们当初在选择墓地的时候又无法预知这些，所以才借助占卜来确定墓址。现在的人有的挑选年月，有的占卜墓地，以为这件事如果做得不好，就会带来杀身之祸。按照《礼》的规定，天子、诸侯和大夫下葬，都有固定的月数，这说明古人是不选择下葬年月的。《春秋》记载：'九月丁巳安葬宁公，正好下雨，不能安葬；戊午日中的时候，得以安葬。'这说明古人安葬父母也不挑选日子。郑简公下葬时，司墓大夫的房屋挡了出丧的路，毁掉它就早上入葬，不毁就中午入葬，但是子产选择不毁。这说明古人下葬是不挑选时间的。古代埋葬死者，都是在国都的北边，地方是固定的，这说明古人下葬是不选择地方的。现在的人安葬死者，以为子孙的富贵贫贱、寿命长短都是因为墓地的好坏导致的。子文担任令尹的时候，三次被解职，柳下惠做士师的时候，三次被罢免，但他们并没有改换自家的墓地。而那些野俗无知之人，听信妖巫胡说八道，在丧葬之时，挑选墓地而觊觎高官厚禄；哀痛之际，挑选下葬的良辰吉日来窥视财富。"这话说得太对了。这个世界上，死生有命，富贵在天，这本来就不是丧葬之事所能左右的。即使是能够左右，作为孝子又怎么能忍心放着父母不去安葬，而以此来谋划对自己有利的事呢？今天又有用羌、胡等少数民族安葬逝者的方法，把父母的灵柩焚烧之后收其骨灰来埋葬。人们已经习以为常，对这种做法不以为怪。可悲可叹啊！这种有悖于礼法的行为竟到了如此的地步！有人还说：如果在外地做官，而又贫穷，不能将灵柩运回故乡，像这种情况不烧成骨灰，怎么能运回故乡安葬呢？你看像廉范那些人，他们的家境难道很富有吗？延陵季子曾说过："人死之后身体复归于大地，这表明他没有生命了，但他的灵魂还到处飘荡。"舜帝在位时，出巡狩猎到苍梧而驾崩，舜便葬了那里。舜贵为天子尚且如此，何况我们一般人呢？如果确实没有能力将先人的灵柩运回故乡，那么就在去世的地方安葬，这不比焚烧掉好吗？还有人问：父母亲活着的时候，按礼法来侍奉，去世后按礼来安葬，按照礼法来祭祀，这几件事如果做好了，就可以算作是大孝子了吧？回答是：这还不够。天子将仁德教化布施于百姓，推扩到天下四海才是孝顺；诸侯以能够保存祖宗传下来的江山社稷为孝；卿大夫以能够守住宗庙光宗耀祖为孝；士官以能够保住自己的俸禄地位为孝。这都是说，能够继承先人的遗志，不使祖宗开创的事业毁在自己手上，这才是孝顺。

| 实践要点 |

以上几条都是父母去世后的安葬事。对待父母的生死，确是人子之大事，但今日之社会，所重者应该是父母在生时的奉养，以及临终时（特别是患有绝症重症）的关怀，通过心理辅导和精神按摩，减轻父母往生前的精神压力和痛苦。儒家对待生死的态度非常明确，人之生死犹如花开花落、潮涨潮落、昼夜更替星辰运转一般，活着的时候好好活，该死的时候就坦然接受。至于父母往生后的安葬事，一切从简，只是聊寄生者的哀思而已。当然，现在农村地区丧葬事有些还是非常繁杂，选墓地、下葬时辰、还有哭丧的、做法事的等等。我们看这一条，古代的《葬书》写得很清楚，这些卜选都是巫术，不可采信，这一点是可以借鉴的。另外，这里将对父母的孝顺提拔到一个更高的角度，那就是要去继承先人的志向，开创家族更高的基业，让祖宗的血脉香火流传得更远更广，这是真正的孝顺。这样看来，丧葬事与祭祀事虽然重要，但是那毕竟是寄托我们的哀思，把自己的生活过好，过踏实，才是真正的孝顺。

【23】晋庾衮父戒衮以酒，衮尝醉，自责曰："余废先人之戒，其何以训人?"乃于父墓前自杖三十。可谓能不忘训辞矣。

| 今译 |

晋代的庾衮，父亲让他戒掉酗酒的习惯，可是有一次庾衮喝得大醉，他非常自责地说："我违反了父亲的戒规，还怎么去教别人呢?"于是他到父亲的坟墓前，自己打了自己三十棍。这可以说是不忘父亲的遗训了。

【24】《诗》云："题彼脊令，载飞载鸣，我日斯迈，而月斯征。夙兴夜寐，无忝尔所生。"

《诗经》说："那脊令鸟啊，又飞又叫。我已经渐渐地老了，可你的岁月还很长。要早起晚睡辛勤劳作，不要有愧于你的一生。"

| 实践要点 |

这一条用《诗经》来劝谏子孙们应该珍惜时光，辛勤劳作，切切不要荒废自己的光阴岁月。

【25】《经》曰："立身行道，扬名于后世，以显父母，孝之终也。"又曰："事亲者，居上不骄，为下不乱，在丑不争。居上而骄则亡，为下而乱则刑，在丑而争则兵。三者不除，虽日用三牲之养，犹为不孝也。"

| 今译 |

《孝经》说："子女立身守志，遵守道德，扬名于后代，光宗耀祖，这才是孝顺父母的最高表现。"又说："子女孝顺父母，身居高位时不骄傲，身处下民时不

作乱，在逆境之中不去争斗。身居高位而骄傲就会自取灭亡，身处下民而去作乱，就会受到惩处，身处逆境却要争斗，就会受到伤害。做不到这三件事情，即便你每天用牛、羊、猪肉供养父母，也还是不孝顺。"

｜ 实践要点 ｜

古人认为父母与子女是一体不容已的关系，因此，即使父母已经往生，但是他们的生命还通过子女的生命得以存续。这不仅是躯体的存续，更是志向、德行的存续。所以，立身守志、光宗耀祖被认为是最高的孝顺。从这里延伸下来，便有所谓的"一荣俱荣，一损俱损"的观念，故此，当子女在做每一项选择时要考虑到你的家人，我们不是一个孤零零的原子，而是被抛在五伦关系之中，而无所逃遁于天地之间的人。当我们要去争强斗狠或侵犯法律时，考虑一下嗷嗷待哺的子孙、头发苍白的高堂以及温柔贤淑的妻子，我们忍心让他们伤心难过，整日里在苦痛中煎熬度过吗？

【26】《内则》曰："父母虽没①，将为善，思贻父母令②名，必果；将为不善，思贻父母羞辱，必不果。"

/

《内则》说："父母虽然去世，子女要做好事的时候，想到这样会带给父母美名，就一定能做成；子女要做坏事的时候，想到这样会使父母蒙受羞辱，就会不去做。"

| 简注 |

/

① 没：去世。

② 令：美好的。

【27】公明仪问于曾子曰："夫子可以为孝乎?"曾子曰："是何言欤！是何言欤！君子之所谓孝者，先意承志，谕父母于道。参直养者也，安能为孝乎。"

| 今译 |

/

公明仪问曾子说："您算得上是孝子吗?"曾子说："这是什么话啊！这是什么话啊！古代的君子所说的孝子，父母没有发话就能知道父母的意思，而且能用道来引导父母，使父母明白更多的道理。我对父母，只是养老送终而已，怎么能称得上是孝子呢？"

这一条对孝顺做了更高的升华。养老送终只是基础，能够察识父母的心志，并且用天道来导引父母，这才是更高层级的孝顺，因为它已经超拔出简单的生理层面，而上升到道义的层面。

【28】曾子曰："身也者，父母之遗体也。行父母之遗体，敢不敬乎？居处不庄非孝也，事君不忠非孝也，莅官不敬非孝也，朋友不信非孝也，战陈无勇非孝也。五者不备，灾及其亲，敢不敬乎？亨熟膻芗①，尝而荐之，非孝也。君子之所谓孝也，国人称愿然，曰：'幸哉，有子如此！'所谓孝也已。"为人子能如是，可谓之孝有终矣。

| 今译 |

曾子说："我们的身体是父母给与的。对于父母遗留下来的身体，子女敢不恭敬对待吗？所以子女居家处事不庄重，就是不孝顺；侍奉君主不忠诚，就是不

孝顺；做官不奉公守法就是不孝顺；交友而不讲信用就是不孝顺；在战场上不勇敢就是不孝顺。如果不具备以上五种德行，那么灾祸将殃及父母，我们能不恭敬从事吗？将做好的食物品尝过后再献给父母，这算不上孝顺。君子所说的孝顺，指的是国人对父母称赞说：'你真幸福啊，有这样的子女！'这才是真正的孝顺。"为人子女能够做到这些，才可以称得上是尽善尽美、善始善终地孝顺父母。

| 简注 |

①　膻芗：同"羶芗"，烧煮牛羊肉的气味，亦泛指牛羊肉。

| 实践要点 |

死去的亲人，他们虽然已经离开了人世，可是他们依然以某种方式与我们发生关联。这种联系就是道德的生命。往生的父母，他们物理学上的躯体已经不在了，可是他们道德的身体还依然存在着。所以，你看到曾子这里讲的孝顺，都是通过其他人伦德性反过来进行规定，因为"我"的存在是父母的延续，父母通过"我"而重新在场，所以，当"我"做到对君主忠诚、做官奉公守法、对朋友讲信用等等，我在实现我的德性人格的同时也成就了父母的德性人格。这是中国古人的看法。

卷六

女

孙

伯叔父

侄

【1】《礼》："女子十年不出，姆^①教婉娩听从，执麻枲^②，治丝茧，织纴组紃，学女事^③以共衣服。观于祭祀，纳酒浆笾豆菹醢，礼相助奠。十有五年而笄，二十而嫁。古者妇人先嫁三月，祖庙未毁，教于公宫；祖庙既毁，教于宗室。教以妇德、妇言、妇容、妇功，教成祭之，牲用鱼，芼之以藻，所以成妇顺也。"

| 今译 |

/

《礼记》说："女子十岁不出闺门，在家里学习妇道；向女师学习仪容柔顺，听从长者的教诲，学习织麻纺绳纺纱织布，学习女红缝纫，以供给衣服。观察祭祀，学习捧入酒浆笾豆菹醢等祭品和祭器，按照祭礼的要求帮助大人放置祭品和祭器。女子十五岁插簪，举行成人之礼，二十岁出嫁。古时候，女子出嫁前三个月，如果祖庙没有被毁，就在公宫接受教导；祖庙毁掉之后，就在宗室接受教导。主要是学习妇德、妇言、妇容、妇功等，学成之后再用鱼祭祀，用藻菜做羹汤，这样才能成为一个符合妇德的女子。"

| 简注 |

/

① 姆：中国古代教育未出嫁女子的妇人。

② 麻枲：指麻的种植、纺织之事。

③ 女事：指女子所做的纺织、缝纫、刺绣等事。

| **实践要点** |

这一条讲古代女子的教育内容。关于女子在家庭中的角色问题，我们前面已经有所讨论。这里我们看到这些教育的内容，首先它不是纯粹谋生的工具，比如织布、缝纫，它将妇德、妇言、妇容、妇功作为女子学习的重要内容，学习仪容、礼仪、祭祀。这才是和顺家庭，和睦共处的重中之重。

【2】曹大家①《女戒》曰："今之君子徒知训其男，检其书传，殊不知夫主之不可不事，礼义之不可不存。但教男而不教女，不亦蔽于彼此之教乎？《礼》：八岁始教之书，十五而志于学矣！独不可依此以为教哉。夫云妇德，不必才明绝异也；妇言，不必辩口利辞也；妇容，不必颜色美丽也；妇功，不必工巧过人也。清闲、贞静、守节、整齐，行己有耻，动静有法，是谓妇德。择辞而说，不道恶语，时然后言，不厌于人，是谓妇言。盥浣尘秽，服饰鲜洁，沐浴以时，身不垢辱，是谓妇容。专心纺绩，不好戏笑，洁斋酒食，以奉宾客，是谓妇功。

此四者，女之大德，而不可乏者也。然为之甚易，唯在存心耳。"凡人，不学则不知礼义。不知礼义，则善恶是非之所在皆莫之识也。于是乎有身为暴乱而不自知其非也，祸辱将及而不知其危也。然则为人，皆不可以不学，岂男女之有异哉？是故女子在家，不可以不读《孝经》《论语》及《诗》《礼》，略通大义。其女功，则不过桑麻织绩、制衣裳、为酒食而已。至于刺绣华巧，管弦歌诗，皆非女子所宜习也。古之贤女无不好学，左图右史，以自儆戒。

| 今译 |

曹大家的《女戒》说："今天的君子只知道教育儿子，让儿子读书学习，然而翻阅典籍，难道不知道对女子来说，丈夫不能不侍奉，礼义也不能不留存。只教育儿子却不教育女儿，不也忽视了男女之间的礼义教育吗？《礼记》说：八岁开始教孩子读书，十五岁就要立志向学。但决不能以此作为女子的教育方法，所谓有妇德，不必才华出众；妇人应有的言谈应对，不必逞口舌之辩；妇人应有的容貌，不必装扮得多么漂亮；妇人的才干，也不必工巧过人。清闲、贞静、守节、整齐，举止知廉耻，动静有章法，这就是妇德。说话懂得斟酌语句，不说坏话，适时而言，不让他人讨厌自己，这就是妇言。洗刷衣物尘垢，服饰整洁，按时沐浴，干净卫生，这就是妇容。专心纺织，不随便嬉笑戏闹，制备酒食佳肴，招待宾客，这就是妇功。这四件事情就是女子最大的德性，是一定不能缺少的。这些做起来非常容易，关键是要时时铭记在心。"一个人不学习就不知道礼义法则，不知道礼义法则，就不能辨别善恶是非。这样当自己违法作乱的时候却不知道自己的错误，祸辱临身了却不知道其中的危险。所以，人不能不学习，怎么能因为男女的差别就不去学习呢？因此女子居家，不可以不读《孝经》《论语》《诗经》《礼记》，最起码要知道它们的大意。至于女功，不过是桑麻织布、做衣裳、办酒食等等，至于刺绣管弦歌诗，都不适合女子学习。我们看古代贤德的女子没有不好学的，室内堆满图书，以此来提醒自己努力提高自己的修养。

简注

① 曹大家：指班昭。大家，即大姑，古代对女子的尊称。

实践要点

班昭所作《女戒》一书，是一部专门讲女性教育的典籍，它的意义首先是肯定女子也必须与男子一样获得受教育的权利，这是非常了不得的。而且，倡导女子读《孝经》《论语》《诗经》《礼记》等经典，读书识字明理。最后，对女子受教育的内容或科目，如妇德、妇言、妇容、妇功都有了详细的讨论和规定。

【3】汉和熹邓皇后，六岁能史书，十二通《诗》《论语》。诸兄每读经传，辄下意难问，志在典籍，不问居家之事。母常非①之，曰：“汝不习女工，以供衣服，乃更务学，宁当举博士②耶？”后重违母言，昼修妇业，暮诵经典，家人号曰“诸生”。其余班婕妤、曹大家之徒，以学显当时，名垂后来者多矣。

| 今译 |

东汉和熹邓皇后，六岁就能读史书，十二岁通晓《诗经》《论语》。她的哥哥每次诵读经传的时候，她就虚心请教。她的志向爱好全在学习典籍，不喜欢过问居家生活等事。母亲经常告诫她说：“你不学习女工，以备将来制作衣服，却去读书学习，难道要做博士吗？”邓皇后不违背母亲的教诲，于是她白天学习妇业，晚上诵读经书，家里人称她为“诸生”。其他像班婕妤、曹大家等人，以学问显扬于时，名垂后世的女子也有很多。

| 简注 |

① 非：批评。

② 博士：博学多闻，通达古今的人士。

【4】汉珠崖令女名初，年十三。珠崖多珠，继母连大珠以为系臂。及令死，当还葬。法，珠入于关者，死。继母弃其系臂珠，其男年九岁，好而取之，置母镜奁①中，皆莫之知。遂与家室奉丧归，至海关。海关候吏搜索，得珠十枚于镜奁中。吏曰："嘻！此值法，无可奈何，谁当坐②者？"初在左右，心恐继母去置奁中，乃曰："初坐之。"吏曰："其状如何？"初对曰："君子不幸，夫人解系臂去之。初心惜之，取置夫人镜奁中，夫人不知也。"吏将初劾之。继母意以为实，然怜之。因谓吏曰："愿且待，幸无劾儿。儿诚不知也。儿珠，妾系臂也。君不幸，妾解去之，心不忍弃，且置镜奁中。迫奉丧，忽然忘之。妾当坐之。"初固曰："实初取之。"继母又曰："儿但让耳，实妾取之。"因涕泣不能自禁。女亦曰："夫人哀初之孤，强名之以活，初身，夫人实不知也。"又因哭泣，泣下交颈。送丧者尽哭哀恸，傍人莫不为酸鼻挥涕。关吏执笔劾，不能就一字。关候垂泣，终日不忍决，乃曰："母子有义如此，吾宁生之，不忍加文。母子相让，安知孰是？"遂弃珠而遣之。既去，乃知男独取之。

/

　　西汉珠崖令有个女儿名字叫初，年纪十三岁。珠崖这个地方的宝珠很多，初的继母将一些大的宝珠串起来，系在手臂上作妆饰。后来珠崖令去世，家里人要将他的灵柩运回家乡安葬。当时的法令规定，有携带珠宝进入关内的，就要判死刑。初的继母只好丢弃了系在她胳臂上的那串珠子，初的弟弟年龄只有九岁，因为喜爱就把那串珠子捡回来，放在母亲的化妆盒里，谁也没有看见这一切。全家人扶柩来到城关，守吏在检查的时候，从化妆匣中找出十枚珠子。守吏说："你们触犯了法令，你们家谁出来承担这个罪责接受惩罚呢？"初在一旁心想，这恐怕是继母摘下来放在化妆盒里的，就说："由我来承担。"守吏问："你是怎么放进去的？"初回答说："我父亲不幸去世，我继母将系在胳臂上的珠子解下来扔掉，我觉得很可惜，就捡起来放在了继母的化妆盒里，继母并不知道这件事。"于是守门的官吏就要给初记录犯罪情实。初的继母以为真是这么回事，但是她对初心生怜悯，就对守门的官吏说："请等一下，这不是我女儿的罪过，其实她根本就不知情，这是她的珠子，但我系在了臂上。因夫君去世，需归家安葬，我便将珠子解下来，但不忍心丢弃，就暂且放在了化妆盒里。后来由于办理丧事很急迫，就忘了这件事。所以我应当承担责任。"但是初坚持说："确实是我捡起来放进的。"继母又说："你别再争执了，这真的是我放进去的。"说完她流泪哭泣，不能自已。初也说："继母看见我是个没有父母的孩子，可怜我，所以她才冒名顶替要救我，其实就是我亲身犯法，夫人确实不知道这件事。"她也哭起来，泪流满面。那些送丧的人也都非常悲痛地哭起来，身边没有人不掉泪的。守门的官吏竟因哭泣而不能写一个字。守门的官吏流着泪，始终不忍心对她们做出有罪的裁定，就说："这母子俩如此有情义，我宁愿放她们一条生路，不忍心记录和上报她们的罪责。而且，她们母子相互争执，怎么能知道谁是谁非呢？"于是便将那些珠子扔掉，把她们母子放走了。初和继母离去之后，才知道珠子是初的弟弟放进去的。

| 简注 |

/

① 奁：女子梳妆用的镜匣，泛指精巧的小匣子。
② 坐：获罪。

| 实践要点 |

/

情感之感动，上可动天，下可彻地。初与她的继母并没有血缘的关系，但是，她们之间那种真挚的情感使得她们在面对刑责，在情与法之间，并非想着为自己辩白，而是藏匿对方的过错，为对方承担过错。法建立的基础是世间情，法的秩序在于生发、维护人与人之间这种真挚的情感关系。情与法之间的关系，中间有一个"权"的问题，因为藏匿珍珠，虽然与礼法不合，但它并未损害到他人的利益，更未危及他人的生命。因此，守门的官吏为她们的情所感动，做了一个"权宜"的做法，把珍珠扔掉，让她们通行。

【5】宋会稽寒人陈氏，有女无男。祖父母年八九十，老无所知。父笃癃疾^①，母不安其室。遇岁饥，三女相率于西湖采菱莼，更日至市货卖，未尝亏怠^②，乡里称为义门，多欲娶为妇。长女自伤茕独^③，誓不肯行^④。祖父母寻相继卒，三女自营殡葬，为庵舍居墓侧。

| 今译 |

宋会稽贫苦人陈氏，有女儿没有儿子。祖父和祖母年纪都八九十岁了，有些老糊涂了，什么事情都不知道。父亲身患重病，母亲不安于室。家里如此艰难，遇到饥荒年月，三个女儿就一起到西湖去采菱角和莼菜，第二天到集市上去卖，她们竟然能够很好地养活年老的祖父、祖母和重病的父亲，乡里称赞她们家为"义门"，周围的许多男子都想娶她们姊妹三人做媳妇。长女想到父亲膝下无子，非常孤独，便不愿出嫁。祖父祖母不久相继去世，三姐妹靠自己的能力将他们安葬，并在坟墓旁边结庐守墓。

| 简注 |

① 癃疾：衰弱疲病。

② 亏怠：亏损。

③ 茕独：孤独无依的样子。

④ 行：出嫁。

谁说女子不如男，女人可以顶起半边天。女儿对父母亲的孝顺一点不比儿子差，甚至比儿子更加贴心。

【6】又诸暨东洿里屠氏女，父失明，母癃疾，亲戚相弃，乡里不容。女移父母，远住纻舍，昼采樵，夜纺绩，以供养。父母俱卒，亲营殡葬，负土成坟。乡里多欲娶之，女以无兄弟，誓守坟墓不嫁。

| **今译** |

还有诸暨东洿里屠氏家的女儿，她的父亲双目失明，母亲有很重的病，她家的亲戚和本乡近邻没有人肯帮助他们。屠氏的女儿把家搬迁到纻舍，她白天砍柴，晚上织布，来供养父母。父母先后去世，她亲自安葬他们，一个人靠担土为父母亲建造坟墓。乡里的人知道她很贤惠，很多人家都想娶她做媳妇，可她想到自己家里没有兄弟，便决定为父母守坟，不肯出嫁。

【7】唐孝女王和子者，徐州人，其父及兄为防狄卒，戍①泾州。元和中，吐蕃寇边，父兄战死，无子，母先亡。和子年十七，闻父兄殁于边，披发徒跣缞②裳，独往泾州，行丐，取父兄之丧归徐营葬，植松柏，剪发坏形，庐于墓所。节度使王智兴以状奏之，诏旌表门闾。此数女者，皆以单茕事其父母，生则能养，死则能葬，亦女子之英秀也。

今译

唐代的孝女王和子，徐州人，她的父亲和哥哥从军戍边，驻扎在泾州。元和年间，吐蕃侵犯边疆，和子的父亲和哥哥战死，家里再没有儿子了，而且母亲早年就去世了。当时和子年仅十七岁，她听说父亲、哥哥死于边疆，就披麻戴孝，赤足步行，独自前往泾州。她沿途乞讨，终于来到泾州，找到父兄的遗体，并把他们的遗体带回徐州安葬。她在墓地旁边种植松柏，剪掉自己的头发，毁坏自己的容貌，在墓地旁边结庐而居。节度使王智兴将和子的这些情况呈奏皇上，皇上下诏表彰和子。以上这几个女子，都是以自己一个人的力量来侍奉父母，父母在世的时候，她们能够赡养父母；父母去世以后，她们能够安葬父母，这可以称得上是女中英杰了。

① 戍: 守卫边土。

② 缞: 古代用粗麻布制成的丧服。

【8】唐奉天窦氏二女，虽生长草野，幼有志操。永泰中，群盗数千人剽掠其村落。二女皆有容色，长者年十九，幼者年十六，匿岩穴间。盗曳出之，骑逼以前。临壑谷，深数百尺，其姊先曰："吾宁就死，义不受辱！"即投崖下而死。盗方惊骇，其妹从之自投，折足败面，血流被体。盗乃舍之而去。京兆尹第五琦嘉其贞烈，奏之，诏旌表门闾，永蠲其家丁役。二女遇乱，守节不渝，视死如归，又难能也。

| 今译 |

　　唐代奉天有窦氏姐妹两个，她们虽然出生在寻常人家，但很小的时候就有志气节操。永泰年间，数千强盗来她们居住的村落劫掠。她们姐妹俩长得都很漂亮，姐姐十九岁，妹妹十六岁，藏匿在洞穴里。强盗们搜出她们，将她俩拉出来，然后骑着马逼着她们往前走。走到一处数百尺深的悬崖旁边，姐姐先说：

"我宁可去死也不受侮辱!"说完,跳崖而死。强盗们正在惊骇之中,妹妹也跟着跳了下去,摔断了脚,毁坏了容颜,血流满身。于是这群强盗离开了,不再理会她们。京兆尹第五琦赞赏她们能严守贞操,于是呈奏皇上。皇上下诏表彰她们,并永远免除她们家的丁役。这两个女子遭遇匪乱,尚能严守贞节,视死如归,实在是难能可贵啊!

【9】汉文帝时,有人上书,齐太仓令淳于意有罪,当刑,诏狱逮系长安。意有五女,随而泣。意怒,骂曰:"生女不生男,缓急无可使者。"于是少女缇萦伤父之言,乃随父西,上书曰:"妾父为吏,齐中称其廉平,今坐法当刑。妾切痛死者不可复生,而刑者不可复属,虽欲改过自新,其道莫由,终不可得。妾愿入身为官婢,以赎父刑罪,便得改行自新也。"书闻,上悲其意。此岁中亦除肉刑法。缇萦一言而善,天下蒙其泽,后世赖其福,所及远哉。

| 今译 |

汉文帝时,有人上书说齐太仓令淳于意犯了罪,应当受到惩处。文帝下诏将淳于意逮捕,关进长安的监狱。淳于意有五个女儿,她们跟在父亲后边哭泣。

淳于意发怒，骂道："我只生了女儿，没生儿子，有了事情，没有人能够出来帮忙。"他的小女儿缇萦感伤父亲的话语，便跟随父亲西行至长安，上书文帝说："我父亲当官，齐地人都称赞他廉洁、公正。他如今犯罪，理当受刑，但我悲痛的是死者不能复生，受刑的人肢体不能再完好，即便他想改过自新，也没有机会。我愿自己进官府做奴婢，以此赎免父亲的罪行，使他能够改过自新。"汉文帝看了她的上书，悲悯她的孝心，就赦免了她父亲的罪。这一年，朝廷还废除了肉刑法。只因为缇萦的一句话，天下百姓都享受到恩泽，后人也受益于她的恩惠，她的恩泽所及太远了。

【10】后魏孝女王舜者，赵邹人也。父子春与从兄①长忻不协。齐亡之际，长忻与其妻同谋，杀子春。舜时年七岁。又二妹，粲年五岁，璠年二岁，并孤苦，寄食亲戚。舜抚育二妹，恩义甚笃。而舜阴②有复仇之心，长忻殊不备。姊妹俱长，亲戚欲嫁，辄拒不从。乃密谓二妹曰："我无兄弟，致使父仇不复，吾辈虽女子，何用生为？我欲共汝报复，何如？"二妹皆垂涕曰："唯姊所命。"夜中，姊妹各持刀逾墙入，手杀长忻夫妇，以告父墓。因诣县请罪，姊妹争为谋首，州县不能决。文帝闻而嘉叹，原罪。《礼》："父母之仇，不与共戴天。"舜以幼女，蕴志发愤，卒袖白刃以揕仇人之胸，岂可以壮男子反不如哉！

/

后**魏**有一个孝女叫王舜，是赵邹人。她的父亲子春和从兄长忻不和。齐国灭亡的时候，长忻与他的妻子同谋，杀死了子春。这时王舜才七岁，还有两个妹妹，王粲五岁，王璠仅两岁。她们姐妹三人孤苦无依，寄居在亲戚家里。王舜照顾两个妹妹，姊妹三人感情非常好。王舜心里一直有为父亲复仇的打算，长忻却没有一点防备。她们姐妹几个逐渐长大了，亲戚家张罗着为王舜寻找婆家，但王舜始终不肯出嫁。她悄悄对两个妹妹说："我没有兄弟，所以杀父之仇一直未报，我们虽然是女子，但活着难道就没有用？我想和你们俩一起为父报仇，怎么样？"两个妹妹都流泪说："我们听你的。"晚上，姐妹三人每人都手持一把刀，翻墙进了长忻的宅院，亲手杀死了长忻夫妇，并到父亲的墓前告慰父亲的灵魂。然后她们到县衙自首，请求治罪，姐妹三人争着承认自己是首犯，州官和县官都不能判决。孝文帝听说了这件事，并为她们姐妹三人的举动所感动，于是原谅了她们的罪责。《礼记》说："父母之仇，不共戴天。"王舜仅仅是个小女孩子，而能立志发愤，亲手杀死杀父仇人，为父报仇，那么作为男子，怎么能够连一个女子都不如呢？

/

① 从兄：堂兄。

② 阴：背地里。

【11】《书》曰："辟不辟，忝厥祖。"《诗》云："无忘尔祖，聿修厥德。"然则为人而怠于德，是忘其祖也，岂不重哉！

《尚书》说："人如果有罪过就会让他的祖上蒙羞。"《诗经·大雅·文王》说："不要忘记你的祖先，要继承发扬先人的德业。"这样说来，做人如果不修德行，是忘记了他的祖宗。这难道不重要吗？

【12】晋李密，犍为人，父早亡，母何氏改醮①。密时年数岁，感恋弥至，烝烝之性②，遂以成疾。祖母刘氏躬自抚养。密奉事以孝谨闻，刘氏有疾则泣，侧息，未尝解衣。饮膳汤药，必先尝后进。仕蜀为郎，蜀平，泰始诏征为太子洗马。密以祖母年高，无人奉养，遂不应命。上疏曰："臣无祖母，无以至今日。祖母无臣，无以终余年。母孙二人更相为命，是以私情区区③，不敢弃远。臣密今年四十有四，祖母刘氏今年九十有六，是臣尽节于陛下之日长，而报养刘氏之日短也。乌鸟私情，乞愿终养。"武帝矜而许之。

西晋的李密，犍为人，父亲早死，母亲何氏改嫁。这时李密只有几岁，他性情淳厚，恋母情深，思念成疾。祖母刘氏亲自抚养他。李密侍奉祖母非常孝顺恭谨，闻名于时，祖母刘氏一有病，他就痛哭流涕，侍候祖母，都是衣不解带。他为祖母端饭菜、汤药，总要尝过之后才递给祖母。后来他在蜀汉做郎官，蜀中平定后，泰始初年，晋武帝委任他为太子洗马。李密因为祖母年高，无人奉养，就没有接受官职。他上书武帝说："我如果没有祖母，就不能达到今日的成就；祖母如果没有我，就不能安度晚年。我们祖孙二人相依为命，这是我的一点私情，我不能离开祖母远行。我今年四十四岁，祖母今年九十六岁，我为陛下效劳的时日还很长，可是我报答祖母养育之恩的日子却很短。这是我要报答祖母养育的恩情，请求皇上准许我为祖母养老送终。"武帝同情他，就同意了他的请求。

简注

① 改醮：改嫁。

② 烝烝之性：性情纯一宽厚。

③ 区区：微不足道。

【13】齐彭城郡丞刘，有至性^①，祖母病疽^②经年，手持膏药，溃指为烂。

| 今译 |

齐彭城郡丞刘，性情醇厚，祖母身患毒疮，经年不愈，他就手拿膏药，亲自为祖母敷药治疮，以至于手指都溃烂了。

| 简注 |

① 至性：诚挚纯厚的性情。

② 疽：毒疮。

【14】后魏张元，芮城人，世以纯至为乡里所推。元年六岁，其祖以其夏中热甚，欲将元就井浴，元固不肯。祖谓其贪戏，乃以杖击其头曰："汝何为不肯浴？"元对曰："衣以盖形，为覆其亵。元不能亵露其体于白日之下。"祖异而舍之。年十六，其祖丧明三年，元恒忧泣，

昼夜读佛经礼拜，以祈福佑。每言："天人师乎？元为孙不孝，使祖丧明，今愿祖目见明，元求代暗。"夜梦见一老翁，以金镜①疗其祖目，元于梦中喜跃，遂即惊觉，乃遍告家人。三日，祖目果明。其后，祖卧疾再周，元恒随祖所食多少，衣冠不解，旦夕扶侍。及祖没，号踊，绝而复苏。复丧其父，水浆不入口三日。乡里咸叹异之。县博士杨轨等二百余人上其状，有诏表其门闾。此皆为孙能养者也。

| 今译 |

后魏时候的张元，芮城人，以性格纯厚被乡里所推崇。张元六岁的时候，他的祖父认为夏天的中午非常炎热，想把他带到水池边洗澡，可是张元坚决不肯。祖父以为他贪玩，就用手杖打他的头，问他："你为什么不愿意洗澡？"他回答说："穿衣服是为了遮体避羞。我不能在大天白日袒露自己的身体。"祖父听了他的话觉得惊异，就放过了他。到他十六岁的时候，祖父已经失明三年，张元为此忧愁哭泣，日夜诵经拜佛，祈求神灵保佑。他常常这样说："是天人的尊师吗？我做孙子不孝，让祖父失明，现在我愿意让祖父重见光明，让我来代替他失明。"这天夜晚，他梦见有个老头，用金镜治疗祖父的眼睛，张元在梦中高兴得跳起来，于是惊醒，他把这个梦告诉了家里的每一个人。过了三天，祖父的眼睛果然

重见光明。此后，祖父卧病在床，持续了两周时间，张元一直侍候祖父的饮食，衣不解带，昼夜不离，一直到祖父病逝，他哭得死去活来。接着张元的父亲又去世了，他三天连一点水米都没有吃，乡里的人们都为之赞叹称奇。县博士杨轨等二百多人上书皇帝，称述张元的孝行，皇帝便下诏表彰。这些事例都是为人之孙能够奉养祖父的典范。

| 简注 |

/

① 金镴：古代治眼病的工具，形如箭头，用来刮眼膜。

【15】唐仆射李公，有居第在长安修行里，其密邻即故日南杨相也。丞相早岁与之有旧，及登庸，权倾天下。相君选妓数辈，以宰府不可外馆，栋宇无便事者，独书阁东邻乃李公冗舍也，意欲吞之。垂涎少俟，且迟迟于发言。忽一日，谨致一函，以为必遂。

及复札，大失所望。又逾月，召李公之吏得言者，欲以厚价购之。或曰水竹别墅交质。李公复不许。又逾月，乃授公之子弟官，冀其稍动初意，竟亡回命。有王处士者，知书善棋，加之敏辩，李公寅夕与之同处。丞相密召，以诚告之，托其讽谕。王生忻奉其旨，勇于展效。然以李公褊直，伺良便者久之。

一日，公遘病，生独侍前，公谓曰："筋衰骨虚，风气因得乘间而入，所谓空穴来风，枳枸来巢也。"生对曰："然，向聆西院，枭集树杪，某心忧之，果致微恙。空院之来妖禽，犹枳枸来巢矣。且知赍器换缗，未如鬻之，以赡医药。"李公卞急，揣知其意，怒发上植，厉声曰："男子寒死，馁死，鹏窥而死，亦其命也。先人之散庐，不忍为权贵优笑之地。"挥手而别。自是，王生及门，不复接矣。

　　唐代仆射李公，他有一处上等宅第在长安修行里，紧挨着他的邻居，就是以前的南杨相。丞相早年与李公有来往，等到他被重用成为宰相，权倾天下。丞相从各地挑选来了许多歌妓舞女，他认为这些歌女不能居住在自己的府里，但是一时间也找不到合适的地方。只有东边邻居李公家有多余的房舍，他很想夺过来。丞相对李公的房子垂涎欲滴，只不过是在等待机会，但是他迟迟没敢张嘴。有一天，丞相很客气地给李公写了一封书信，他自己认为李公肯定不会拒绝。

　　然而，看到李公回信后，他大失所望。过了一个多月，丞相召见李公身边能说上话的手下，说想出大价钱购买李公的房子。还说，即使用丞相的水竹别墅作为抵押换取也可以。但是，李公再次拒绝。又过了一个多月，丞相提拔李公的子孙做官，希望他能改变初衷。然而，依旧没有回音。当地有一个王处士，读书很多，也很会下棋，能说会道，李公与他经常在一起。丞相悄悄把王处士叫去，把自己的想法告诉他，让他给想办法促成这件事。王处士很痛快地接受了这个请托，立刻积极地张罗这件事。然而，他知道李公不太好说话，他一直在寻找合适的时机。

有一天，李公病了，王处士独自陪着他。李公对他说："我身体虚弱，所以冷风寒气容易乘虚而入。这就像人们说的，空穴容易来风，有弯曲的枳树就容易有鸟来筑巢。"王处士答道："对呀，我先前听到你的西院里，有枭鸟齐集树梢的声音，我当时就非常忧心，不曾想到你真就病了。我认为空空的院落容易招来这些怪鸟，就好像弯曲的枳树会招来鸟筑巢一样。你现在拿家里的东西去换钱，不如将西院的房舍卖掉，用来为你治病。"不料，李公一下子急了眼，他揣摩王处士可能是为丞相做说客，因此大怒，以致头发都竖了起来。他厉声说："男子汉就是受冻受饿而死，鹏鸟带来厄运而死，那也听天由命吧！祖先留下来的房舍，我怎么忍心让它变成权贵的养歌妓舞女的地方呢？"于是他挥手与王处士告别。从此之后，王处士再来做客，他也不去接待。

┃ 实践要点 ┃

/

不屈从权贵，守住祖先留下来的产业是孝顺的表现。何况权贵是要征收自己的房屋去做不义的事情，更加不能顺从。如果是为了成就大义，尚有商量处。

【16】平庐节度使杨损，初为殿中侍御史，家新昌里，与路岩第接。岩方为相，欲易其厩以广第。损宗族仕者十余人议曰："家世盛衰，系权者喜怒，不可拒也。"损曰："今尺寸土，皆先人旧物，非吾等所有，安可奉权臣邪！穷达，命也。"卒不与。岩不悦，使损按狱黔中。年余还。彼室宅，尚以家世旧物，不忍弃失，况诸侯之于社稷，大夫之于宗庙乎？为人孙者，可不念哉！

今译

平庐节度使杨损，最开始担任殿中侍御史的时候，家里住在新昌里，与路岩的府邸相邻。当时，路岩刚刚担任宰相，想买下杨损家的马厩来扩充自己的庭院。杨损家族的十多个当官的子弟商议说："家世的盛衰，都取决于当权者的喜怒好乐，我们不能拒绝这件事。"杨损说："我们家的每一寸地方，都是祖先留给我们的遗产，并不是我们自己的，我们怎么能够把它双手奉送给权臣呢？穷困与发达，那都是命。"杨家最终还是没有把马厩卖给路岩。路岩不高兴，就派杨损到贵州去巡视监狱，一年后杨损才回来。他们连房屋住宅都认为是祖传的资产，不忍舍弃，更何况诸侯对于社稷、大夫对于宗庙呢？为人子孙后辈，行为处事能不念及祖宗吗？

【17】《礼》："服，兄弟之子，犹子也。"盖圣人缘情制礼，非引而进之也。

《礼记》说："从血统上来讲，兄弟的子女，就像是自己的子女一样。"这是因为圣人也是根据人情来制定礼仪规范的，并不是要强制规定什么东西。

【18】汉第五伦性至公。或问伦曰："公有私乎？"对曰："吾兄子尝病，一夜十往，退而安寝。吾子有病，虽不省视，而竟夕不眠。若是者，岂可谓无私乎？"伯鱼贤者，岂肯厚其兄子不如其子哉？直以数往视之，故心安；终夕不视，故心不安耳。而伯鱼更以此语人，益所以见其公也。

后汉第五伦做人非常公正。有人问他说："你有私心吗？"他回答说："有一次，我哥哥的孩子生病了，我一晚上虽然去看他十次，但回来后能睡得着。我的孩子有病，我虽然没怎么去看他，但却担心得整夜睡不着觉。这怎么能说我没有私心呢？"伯鱼是一个贤者，怎么可能对待自己兄长的孩子不如自己的孩子呢？只是因为他一晚上去看望侄子好几次，所以心能安；而自己的儿子一夜不去探视，所以心有所不安。但是，他又将这些细节告诉别人，这就更能看出他为人治家的公正了。

┃ 实践要点 ┃

其实，第五伦对待自己的儿子不如对待自己的兄长的儿子，儿子生病他一次都没有去看，倒不是他不疼爱自己的儿子，因为他整宿睡不着觉，他的心不安；兄长的儿子生病，他一夜起身去看十次，他看到小孩没事，因此心安能够睡着。第五伦的纠结在什么地方呢？他还是有点着名了，所以他把这个心安与心不安告诉别人，他怕别人说自己对兄长的儿子不好，对自己的儿子太好了。血浓于水，这两个小孩他都亲爱，不必在意别人的看法，儿子生病了，你的心不安，那就去看好了，让儿子知道你是爱着他的，这不是很好吗？

【19】宗正刘平，更始时天下乱，平弟仲为贼所杀。其后贼复忽然而至，平扶侍其母奔走逃难。仲遗腹女始一岁，平抱仲女而弃其子。母欲还取，平不听，曰："力不能两活，仲不可以绝类。"遂去而不顾。

宗正刘平，王莽末年天下大乱，刘平的弟弟仲被贼杀死。后来，贼人又忽然到来，刘平搀扶他的母亲逃跑躲避。弟弟仲死的时候留下一个一岁的女孩，刘平抱起弟弟的女儿逃难，而将自己的儿子丢弃在家。他的母亲让他回去带自己的儿子走，刘平不听，说："我们没有能力把两个孩子都救活，但我必须救弟弟的孩子，他不能没有后人。"说完逃跑而去，竟然没有去救自己的孩子。

| 实践要点 |

这是一个道德上的两难选择，在无法保全两个小孩子的情况下，无论作何选择都有遗憾，很多时候，所做的选择只是当下的一念。这就好比人们经常诘问，如果你的妻子和母亲同时掉进水里，你会救哪一个？事实上，如果真的出现这种情形，很可能你救的人只是当时物理距离上离你最近的那个人，你不会先去做很多道德上的考量或决断。至于刘平，他的考虑是弟弟已经去世，只有一个遗孤留下，而他还可以再生。这是他做出道德决断的理由，这是一个功利主义的设想，当然，我相信他做这个选择时心是痛的。他不是一个铁石心肠的人，否则就不会救弟弟的女儿，而舍弃自己的儿子。

【20】侍中淳于恭兄崇卒，恭养孤幼，教诲学问，有不如法，辄反用杖自筮^①以感悟之。儿渐而改过。

| 今译 |

后汉侍中淳于恭的哥哥淳于崇去世了，淳于恭抚养哥哥留下来的儿子，他教侄儿读书学习，如果侄子做错了事，他就用棍子打自己来感化侄儿。侄儿看了非常惭愧，就逐渐改正自己的错误。

| 简注 |

① 筮：鞭打。

【21】侍中薛包，弟子求分财异居，包不能止，乃中分其财。奴婢引其老者，曰："与我共事久，若不能使也。"田庐取其荒顿者，曰："吾少时所理，意所恋也。"器物取其朽败者，曰："我素所服食，身口所安也。"弟子数破其产，辄复赈给。

　　侍中薛包，他弟弟的儿子要和他分家，他不能阻止他，于是就和侄儿分财产。分奴婢的时候，他总是要一些老的，并说："这些老的和我共事很长时间了，你不会使用他们。"分田地房舍时，他总是要那些荒芜颓败的，又说："这些地和房子都是我小时候耕种过的和住过的，我和它们有感情。"分其他东西的时候，他总是要那些破旧的，说："这些都是我平常用的，我已经用习惯了。"他的侄儿后来闹了几次破产，每次他都要送他一些东西来赈济他。

　　【22】晋右仆射邓攸，永嘉末，石勒过泗水，攸以牛马负妻子而逃。又遇贼，掠其牛马。步走，担其儿及其弟子绥。度不能两个都救活，乃谓其妻曰："吾弟早亡，唯有一息，理不可绝，止应自弃我儿耳。幸而得存，我后当有子。"妻泣而从之。乃弃其子而去，卒以无嗣。时人义而哀之，为之语曰："天道无知，使邓伯道无儿。"弟子绥服攸丧三年。

　　西晋永嘉末年，天下大乱，石勒的军队经过泗水时，西晋右仆射邓攸用牛、马载着妻子、儿子和侄子逃难。路上遇见强盗，牛马被抢走了。他们只好步行，邓攸担着儿子和弟弟的孩子绥。后来考虑到实在救活不了两个孩子，他就对妻子说："我弟弟早死，只留下这一个儿子，我们不能让弟弟绝了后，只好丢掉自己的儿子。如果我们能存活下来，以后还可以有孩子。"妻子哭着听了他的话。于是邓攸就丢下自己亲生儿子走了。邓攸最终没能够再有儿子。当时的人感叹他的仁义，为他说："天道无知，让邓伯道没有儿子。"后来，他的侄子绥为伯父服丧三年。

【23】太尉郗鉴，少值永嘉乱，在乡里，甚穷馁。乡人以鉴名德，传共饭之。时兄子迈、外甥周翼并小，常携之就食。乡人曰："各自饥困，以君贤，欲共相济耳！恐不能兼有所存。"鉴于是独往，食讫，以饭着两颊边还，吐与二儿。后并得存，同过江。迈位至护军，翼为剡县令。鉴之薨也，翼追抚育之恩，解职而归，席苦心丧三年。世有杀其孤规财利者，独何心哉！

| 今译 |

东晋太尉郗鉴，他小的时候正好赶上西晋的永嘉之乱，家里穷得连饭都吃不上。因为郗鉴是个有德行的人，本乡的人轮流供养他。他哥哥的孩子迈与他的外

甥周翼都非常小，他到别人家吃饭的时候，常常领着这两个孩子一起去。乡人对此很有意见，说："大家都很穷困，因为你是个贤德之人，所以大家想一起来帮助你！但是恐怕不能将这两个孩子也一起救活。"后来，郗鉴就一个人去吃饭。但每次吃完饭，他又在嘴里含些饭回家，吐出来给两个孩子吃。他用这种办法竟然将两个孩子都救活了，并和他们一起过了长江。后来，侄儿官至护军，外甥则任剡县县令。郗鉴去世后，周翼不忘舅舅对他的抚育之恩，辞官回家，为舅舅诚心诚意服丧三年。世上有杀害别人的遗孤而觊觎钱财的，这些与上面的事例相比，那是一种什么居心啊！

【24】宋义兴人许昭先，叔父肇之坐①事系狱，七年不判。子侄二十许人，昭先家最贫薄，专独申诉，无日在家。饷馈肇之，莫非珍新。资产既尽，卖宅以充之。肇之诸子倦怠，惟昭先无有懈息，如是七载。尚书沈演之嘉其操行，肇之事由此得释。

| 今译 |

　　南朝宋义兴人许昭先的叔父许肇之，因为犯罪被关进监狱，在狱中关了七年仍未判决。肇之家的子侄共二十多人，昭先家最为贫穷，但是，昭先独自为叔父申诉，没有一天在家休息。他给叔父送最好吃的东西。家里的资产花光了，他就

卖掉房子。肇之的几个儿子都有些厌倦了，只有昭先没有懈怠，这样一直持续了七年。尚书沈演之嘉奖他的操守品行，并帮了他的忙，肇之的事情才最终得到了解决。

① 坐：因为，由于。

【25】唐柳泌叙其父天平节度使仲郢行事云，事季父太保如事元公，非甚疾，见太保未尝不束带。任大京兆盐铁使，通衢遇太保，必下马端笏，候太保马过方登车。每暮束带迎太保马首，候起居。太保屡以为言，终不以官达稍改。太保常言于公卿同云："元公之子，事某如事严父。"古之贤者，事诸父如父，礼也。

| 今译 |

唐代柳泌叙述他的父亲天平节度使柳仲郢的事迹时说，仲郢侍奉叔父太保就像侍奉自己的父亲柳公绰一样，只要不是特别匆忙，他见叔父的时候总要整装束带，表示尊重。他担任大京兆盐铁使时，在大街上碰见叔父，一定要下马恭立，

等到叔父的车马过去了才上车。他每天傍晚都要穿戴整齐迎接叔父的马车，问候侍奉他的起居生活。叔父多次让他免去那些礼仪，但他从不因为自己位居高官就改变对自己叔父的恭敬态度。他的叔父经常在官员中间说："元公的儿子侍奉我就像侍奉他父亲一样。"古代有贤德的人，侍奉他的伯叔父就像侍奉他的父亲一样，这是天礼人伦所应当有的表现。

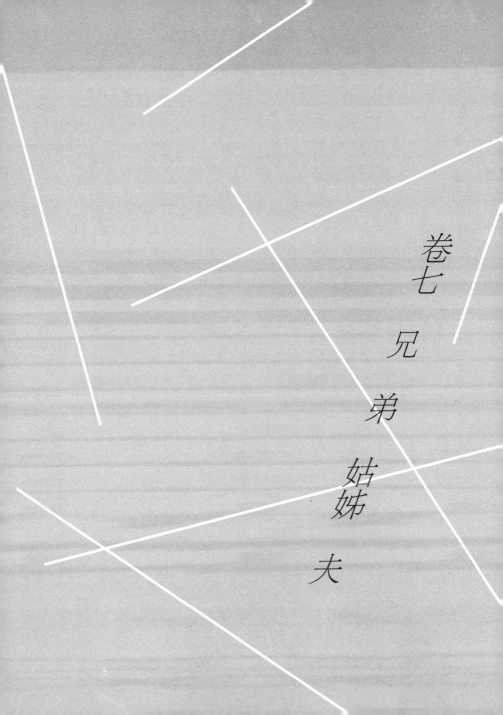

卷七

兄弟姑姊夫

【1】凡为人兄不友①其弟者，必曰：弟不恭于我。自古为弟而不恭者孰若象？万章问于孟子，曰："父母使舜完廪②，捐阶，瞽瞍焚廪；使浚井，出，从而掩之。象曰：'谟盖都君咸我绩。牛羊父母，仓廪父母。干戈朕、琴朕、弤朕、二嫂使治朕栖。'象往入舜宫，舜在床琴。象曰：'郁陶思君尔！'忸怩。舜曰：'惟兹臣庶，汝其于予治。'不识舜不知象之将杀己与？"曰："奚而不知也？象忧亦忧，象喜亦喜。"曰："然则舜伪喜者与！"曰："否！昔者有馈生鱼于郑子产。子产使校人畜之池。校人烹之，反命曰：'始舍之，圉圉焉，少则洋洋焉，攸然而逝。'子产曰：'得其所哉！得其所哉！'校人出，曰：'孰谓子产智？予既烹而食之，曰：得其所哉！得其所哉！'故君子可欺以其方，难罔以非其道。彼以爱兄之道来，故诚信而喜之，奚伪焉！"万章问曰："象日以杀舜为事，立为天子，则放之，何也？"孟子曰："封之也。或曰放焉。"万章曰："舜流共工于幽州，放欢兜于崇山，杀三苗于三危，殛鲧于羽山，四罪而天下咸服，诛不仁也。象至不仁，封之有庳。有庳之人奚罪焉？仁人固如是乎？在他人则诛之，在弟则封之。"曰："仁人之于弟也，不藏怒焉，不宿怨焉，亲爱之而已矣。亲之

欲其贵也，爱之欲其富也。封之有庳，富贵之也。身为天子，弟为匹夫，可谓亲爱之乎？""敢问，或曰放者何谓也？"曰："象不得有为于其国，天子使吏治其国，而纳其贡赋焉，故谓之放，岂得暴彼民哉！虽然，欲常常而见之，故源源而来。不及贡，以政接于有庳。"

今译

一般来讲，不友爱自己弟弟的哥哥一定会说：弟弟对我不恭敬。可是，从古到今，弟弟对兄长不恭敬，谁又能比得上舜的弟弟象呢？万章问孟子说："舜的父母让舜去修缮谷仓，等舜上了屋顶，他们就抽掉梯子，他父亲瞽瞍还放火焚烧那座谷仓，幸而舜设法逃了下来。于是又让舜去掏井，他不知道舜从旁边的洞穴出来了，还用土堵住井口。舜的兄弟象说：'谋害舜都是我的功劳，牛羊分给父母，仓廪分给父母，干戈分给我，琴分给我，漆赤弓分给我，我要两位嫂嫂替我铺床叠被。'于是象向舜的房间走去，舜却坐在床边弹琴，象说：'哎呀！我好想念您呀！'但神情之间很不好意思。舜说：'我想念着我的臣下和百姓，你替我管理吧！'我不知道舜难道不知道象要杀他吗？"孟子答道："为什么不知道呢？象忧愁，他也忧愁；象高兴，他也高兴。"万章说："那么，舜的高兴是假装的吗？"孟子说："不！从前有一个人送了条活鱼给郑国的子产，子产让管池塘的人把这条鱼养起来，那个人却把鱼煮着吃了，回报子产说：'我刚刚把鱼放在池塘里的时候，它还半死不活的，一会儿，它摇摆着尾巴活动起来了，突然间远远地游去不知去向。'子产说：'它到了好地方呀！到了好地方呀！'那个人出来后说：'谁说子产聪明，我已经把那条鱼煮着吃了，他还说鱼到了好地方，鱼到了好地方。'所以对于君子，可以用合乎人情的方法来欺骗他，但却不能用违反道理的诡诈来欺骗他。象既然假装敬爱自己的兄长，舜也因此真诚地相信他，并感到高兴，这为什么是假装的呢？"万章问道："象每天把谋杀舜的事情作为他的工作，但是舜做了天子以后，却仅仅流放他，这是什么道理呢？"孟子答道："其实是舜是封象为诸侯，不过有人说是流放他罢了。"万章说："舜把共工流放到幽州，把欢兜发配到崇山，把三苗之君驱逐到三危，把鲧流放到羽山，惩处了这四个大罪犯，天下便都归服他了，这都是讨伐不仁的人。然而，象是最不仁的人，却把他分封到有庳之国。有庳国的百姓又有什么罪过呢？对别人就加以惩处，对自己弟弟就分封国土，难道仁人的做法竟是这样的吗？"孟子说："仁人对于弟弟的愤怒不藏在心中，他的怨恨也不留在胸内，只是亲爱他而已。亲他，便要使他贵；爱他，便要使他富。把有庳国土封给他，正是使他又富又贵；他自己做了天子，弟弟却是一个老百姓，可以说是亲爱弟弟吗？"万章说："我请问，为什么有人说是流放呢？"孟子说："象不能在他的国土上为所欲为，因为天子派遣了官吏来给他治理国家，缴纳贡税，所以有人说这是流放。所以难道象能够暴虐地对待他的百姓吗？显然不能。即使如此，舜还是想常常看到象，象也不断地来和舜相见。古书上说：不用等到规定的朝贡的时间，平常也可以根据政治上的需要相见。"

① 友：友爱。

② 廪：米仓。

兄友弟恭，在这一组伦理关系中，主导者是兄长，弟弟比他小，相对来讲，他的生命成长自然而然要比兄长更慢一点，他的生命也没有兄长那么成熟、通透。因此，兄长理应去引导弟弟，用自己的爱去感动他。舜就是这样对他的弟弟的。只要他是一个有同感心的人，爱的倾注与浇灌一定会柔化那颗刚硬邪恶的心，这是舜对人性始终保持着的乐观。舜这一颗一体同仁之大心，值得我们深切体味。

【2】汉丞相陈平，少时家贫，好读书，有田三十亩，独与兄伯居。伯常耕田，纵平使游学。平为人长美色。人或谓陈平："贫何食而肥若是？"其嫂嫉平之不视家产，曰："亦食糠核耳。有叔如此，不如无有。"伯闻之，逐其妇而弃之。

西汉的丞相陈平，小时候家里非常贫穷，但他喜欢读书。家里有三十亩田地，他自己单独与哥哥陈伯住在一起。哥哥经常一个人耕田，让他出去游学。陈平长得身高貌美。有人问他："你家里很穷，可你为什么吃得这么胖？"他的嫂子怨恨他不事生产，就说："也是吃糠秕而已。有这样的小叔子，还不如没有呢！"陈平的哥哥听到妻子说的话，就把妻子赶出了家门。

实践要点

住在同一个屋檐下，家庭中的琐事很多，磕磕碰碰也在所难免。陈伯的处理有点简单粗暴，或许他认为妻子可以再娶，而弟弟不能再有吧。在一家之中，谦让、隐忍颇为重要，调解的能力也必须到位。陈伯妻子对陈平的抱怨其实是对丈夫的疼惜，只是陈伯一人生产来养活一大家子，压力当然大。妻子抱怨的初心想必是好的，然而，他却没有利用好妻子这一点善心加以引导，而选择把她休了，赶出家门。

【3】御史大夫卜式，本以田畜为事。有少弟，弟壮，式脱身出，独取畜羊百余，田宅财物尽与弟。式入山牧，十余年，羊致千余头，买田宅。而弟尽破其产，式辄复分与弟者数矣。

今译

御史大夫卜式，一直靠种田放牧为生。他有个小弟弟，弟弟长大后，卜式与弟弟分家另过，然而他只带走一百多头羊，家里的田地、房屋等财产都给了弟弟。卜式独自进山放羊，十多年后，他的羊繁育到千余头，他又买了田地、房子。可是弟弟却将家产挥霍一空，卜式又好几次分田宅家产给弟弟。

实践要点

卜式与他的弟弟在成家分开后，他自己分走了一小部分的财产，剩下的大部分财产都留给弟弟，但是他自己善于经营，经过十余年的苦心经营，家业变得越来越大，弟弟却不会经营而将财产挥霍一空。卜式对弟弟心生怜悯，多次把自己的财产分给他，以此来资助他。卜式友爱并帮助自己兄弟的发心很好，但是，他并没有从根本上帮助弟弟在德性、人格与营生能力上进行提高，而是简单的施与。然而，授人以鱼不如授人以渔，帮助自己的弟弟真正成长，而不是成为一个坐吃山空立地吃陷的人，这才是正确的做法。

【4】隋吏部尚书牛弘弟弼，好酒，酗。尝醉，射杀弘驾车牛。弘还宅，其妻迎谓曰："叔射杀牛。"弘闻，无所怪问，直答曰："作脯。"坐定，其妻又曰："叔忽射杀牛，大是异事！"弘曰："已知。"颜色自若，读书不辍。

今译

隋朝吏部尚书牛弘的弟弟牛弼喜欢喝酒，而且经常喝醉，撒酒疯。牛弼有一次喝醉酒，就用箭把牛弘驾车的牛射死了。牛弘回家后，妻子对他说："小叔子射死了咱家的牛。"牛弘听了，并没有说责怪的话，只回答说："那就把牛拿去作干牛肉。"牛弘坐下后，妻子又说："小叔子平白无故射死了牛，这不是一件平常的事吧！"牛弘说："我知道了。"但是，他面不改色，继续读他的书。

实践要点

与陈伯相比，牛弘的处理方式就老到妥帖得多。他并没有因为妻子多次诉说叔叔的不是，而一愤之下将她赶出家门。然而，他对待弟弟这种酗酒行为太过宽纵。宽纵不是宽容，它是对错误行为的无视与放纵。当然，牛弘的做法是想效仿古圣先贤用德性去感化自己的弟弟，感化并不是无视，而是应该创造具体情境，让弟弟触"景"生情，能够反躬自省。

【5】唐朔方节度使李光进，弟河东节度使光颜先娶妇，母委以家事。及光进娶妇，母已亡。光颜妻籍家财，纳管钥于光进妻。光进妻不受，曰："娣妇逮事先姑，且受先姑之命，不可改也。"因相持而泣，卒令光颜妻主之矣。

| 今译 |
/

唐代朔方节度使李光进，他的弟弟河东节度使李光颜先娶了媳妇，母亲就让光颜的妻子来管理家事。等到李光进娶媳妇的时候，母亲已经去世了。光进结婚后，光颜的妻子就登记家里的财产，然后将家里的钥匙交给嫂嫂。光进的妻子不接受，说："你侍奉过婆婆，你就接受婆婆的委托吧，这不能改变。"说到这里，她们竟哭了起来，最后还是让光颜的妻子来管理家务。

【6】平章事韩滉，有幼子，夫人柳氏所生也。弟滉戏于掌上，误坠阶而死。滉禁约夫人勿悲啼，恐伤叔郎意。为兄如此，岂妻妾他人所能间哉？

平章事韩滉有个小儿子，是夫人柳氏所生。弟弟韩滉双手抱着他玩耍，不料小孩掉到台阶上摔死了。韩滉叫夫人不要伤心啼哭，以免让弟弟伤心。做哥哥的能这样对待弟弟，妻妾等人怎么能离间他们兄弟之间的感情呢？

【7】弟之事兄，主于敬爱。齐射声校尉刘琎，兄夜隔壁呼琎。琎不答，方下床着衣，立，然后应。怪其久。琎曰："向束带来竟。"

弟弟侍奉兄长，主要是能敬爱他。齐射声校尉刘琎，他的哥哥夜里在隔壁喊他，他不答应，等下床穿好衣服，端端正正站好，然后才答应。哥哥怪他为什么那么久才答应，他说："刚才我还没有整齐地穿好衣服。"

【8】梁安成康王秀，于武帝布衣昆弟，及为君臣，小心畏敬，过于疏贱者。帝益以此贤之。若此，可谓能敬矣。

| 今译 |

梁代安成康王萧秀，和武帝是兄弟，等到武帝即位后，他们成了君臣关系，萧秀对武帝常怀敬畏之心，小心侍候，甚至超过了那些与武帝更疏远、低贱的人。武帝也因此更看重萧秀。像他们这样，可以说是兄弟之间能互相敬重了。

【9】后汉议郎郑均，兄为县吏，颇受礼遗，均数谏止，不听，即脱身为佣。岁余，得钱帛归，以与兄，曰："物尽可复得。为吏坐赃，终身捐弃。"兄感其言，遂为廉洁。均好义笃实，养寡嫂孤儿，恩礼甚至。

东汉议郎郑均，他的哥哥当县吏，经常接受礼品，郑均多次劝谏哥哥不要这样，哥哥不听，于是他就跑去当佣人。过了一年多，他挣了些钱回来送给哥哥，并和哥哥说："钱没了我们可以再挣，但当官如果贪赃枉法，就会受到惩处，一辈子都完了。"哥哥听了他的话非常感动，于是为官清正廉洁。郑均为人忠厚老实，哥哥死后，他养活寡嫂和哥哥的孤儿，礼数非常到位。

【10】晋咸宁中疫颖川，庾衮二兄俱亡。次兄毗复危殆。疠气①方炽，父母诸弟皆出次于外，衮独留不去。诸父兄强②之，乃曰："衮性不畏病。"遂亲自扶持，昼夜不眠。其间复抚柩哀临不辍。如此十有余旬，疫势既歇，家人乃反。毗病得差，衮亦无恙。父老咸曰："异哉此子！守人所不能守，行人所不能行，岁寒然后知松柏之后凋，始知疫疠之不相染也。"

西晋咸宁年间颖川发生瘟疫，庾衮的两个哥哥都死了，另外一个哥哥庾毗也生命垂危。此时正是瘟疫最厉害的时候，父母及几个弟弟都居住在外面，躲避瘟疫，只有庾衮独自留在家里，不肯离去。家里的人强迫他走，他说："我不怕染病。"于是，他在家昼夜不眠，亲自侍候哥哥庾毗。这期间，他还为两个已死的哥哥守灵，从未停止过祭祀。过了一百多天，瘟疫渐渐过去了，家人才返回来。这时庾毗的病也好了，庾衮也安然无恙。乡亲们都说："这个人真是不同寻常，能够坚守别人不能坚守的礼节，能做到别人不能做到的事情，天气寒冷才知道松柏比其他树耐寒，经历过瘟疫才知道瘟疫不会传染给好人。"

| 简注 |

① 疠气：能致疫病的恶气。

② 强：强迫。

| 实践要点 |

兄弟确实情深，在当时的医疗条件以及家庭经济条件下，庾衮忘我救兄的行为确实令人动容。今天在条件允许时，无论是家里哪位亲人染病，一定要寻找专业医疗人士，也避免自己被传染的风险。

【11】右光禄大夫颜含，兄畿，咸宁中得疾，就医自疗，遂死于医家。家人迎丧，旐每绕树而不可解，引丧者颠仆，称畿言曰："我寿命未死，但服药太多，伤我五脏耳，今当复活，慎无葬也。"其父祝之曰："若尔有命复生，其非骨肉所愿，今但欲还家，不尔葬也。"乃解。及还，其妇梦之曰："吾当复生，可急开棺。"妇颇说之。其夕，母及家人又梦之，即欲开棺，而父不听。含时尚少，乃慨然曰："非常之事，古则有之。今灵异至此，开棺之痛，孰与不开相负？"父母从之，乃共发棺，有生验以手刮棺，指抓尽伤，气息甚微，存亡不分矣。饮哺将获，累月犹不能语。饮食所须，托之以梦。阖家营视，顿废生业，虽在母妻，不能无倦也。含乃绝弃人事，躬亲侍养，足不出户者，十有三年。石崇重含淳行，赠以甘旨，含谢而不受。或问其故，答曰："病者绵昧，生理未全，既不能进啖，又未识人惠，若当谬留，岂施者之意也？"畿竟不起。含二亲既终，两兄既殁，次嫂樊氏因疾失明，含课励家人，尽心奉养。日自尝省药馔，察问息耗，必簪屦束带，以至病愈。

右光禄大夫颜含的哥哥颜畿，在咸宁年间得了病，在就医治疗的时候，死在了医生的家里。家人扶着他灵柩回家安葬，路上引魂幡缠绕在树上，怎么也解不开。在前边引路的人突然跌倒在地上，自称他是颜畿说："我的寿命还没有尽，只是因为吃药太多，伤了五脏而导致昏厥，现在我要活过来了，你们千万不要将我埋葬了。"他的父亲祷告说："如果你真的能活过来，也是我们的共同愿望，现在我们只是回家，并不是要安葬你。"说罢，引魂幡果然就解开了。回到家，颜畿的媳妇晚上梦见颜畿对她说："我就要复活了，你们马上打开棺材。"颜畿的媳妇醒来后非常高兴。这天晚上，颜畿的母亲和家里的其他人也做了同样的梦，大家想马上打开棺木看看，可是父亲不允许。颜含这时还很小，他大声说："怪异之事自古就有，现在如此异常，开棺还是比不开要好。"父母亲听从了他的意见，于是大家一起将棺材打开，果然看见有手指抓棺材的印痕，而且颜畿的手指都抓伤了。颜畿确实还有微弱的呼吸，但和死人没有什么两样。家里人侍候他饮食，但是他好几个月还不能说话。他如果想吃什么或需要什么，就给家人托梦。全家人都因为照顾他而荒废了家里的生产和其他事业。时间长了，即使是母亲和妻子也感到了倦怠，只有弟弟颜含放下所有的事情，亲自侍奉哥哥，十三年足不出户。当时石崇很钦佩颜含的所作所为，就特地赠送他们美味佳肴。但是，颜含对他的好意表示感谢，却不肯接受食物。有人问他为什么不接受，他回答说："现在我哥哥卧床不起，不省人事，他的生理机能也没有恢复，他不能吃这些东西，也不能亲自对别人的好意表示感谢，如果我随便就留下这些东西，这哪里是馈赠者的本意呢?"颜畿最终也没有能够恢复健康。后来，颜含的父母亲双双去世，两个哥哥也都死了，二嫂樊氏因病失明，颜含就带着家里人尽心奉养。他每天一定要穿戴整齐，保持礼节，亲自去察看嫂子吃的药和饭，以及她的身体状况，一直到嫂子的病痊愈。

【12】后魏正平太守陆凯兄琇，坐咸阳王禧谋反事，被收，卒于狱。凯痛兄之死，哭无时节，目几失明，诉冤不已，备尽人事。至正始初，世宗复琇官爵。凯大喜，置酒集诸亲曰："吾所以数年之中抱病忍死者，顾门户计尔。逝者不追，今愿毕矣。"遂以其年卒。

| 今译 |

后魏正平太守陆凯的哥哥陆琇，受咸阳王禧谋反一事的牵连，被关押，最后死在监狱。陆凯对哥哥的死非常悲痛，经常痛哭，没有节制，他的眼睛都几乎要失明了。他反复为哥哥申诉冤屈，尽到了一个弟弟的责任。一直到正始初年，世宗才恢复了陆琇的官爵，陆凯非常高兴，置办酒食招待亲戚们说："我这几年之所以能在病痛中坚持活下来，就是为了恢复我们陆家的声誉，现在我的愿望终于实现了。"他就在这一年去世了。

【13】唐英公李勣，贵为仆射，其姊病，必亲为燃火煮粥，火焚其须鬓。姊曰："仆射妾多矣，何为自苦如是？"曰："岂为无人耶？顾今姊年老，勣亦老，虽欲久为姊煮粥，复可得乎？"若此，可谓能爱矣！

唐英公李勣，官至仆射，他的姐姐病了，他还亲自为她烧火煮粥，以致火苗烧了他的胡须和头发。姐姐劝他说："你的奴婢那么多，为什么要这样辛苦？"李勣回答说："难道真的没有人吗？我只是想姐姐现在年纪大了，我自己也老了，即使我想要每天都为姐姐烧火煮粥，那又怎么可能呢？"像这样的弟弟，可以说是能够敬爱姐姐了。

【14】夫兄弟至亲，一体而分，同气异息。《诗》云："凡今之人，莫如兄弟。"又云："兄弟阋于墙，外御其侮。"言兄弟同休戚，不可与他人议之也。若己之兄弟且不能爱，何况他人？己不爱人，人谁爱己？人皆莫之爱，而患难不至者，未之有也。《诗》云"毋独斯畏"，此之

谓也。兄弟，手足也。今有人断其左足，以益右手，庸何利乎？魤一身两口，争食相龁，遂相杀也。争利而害，何异于魤乎？

兄弟之间至亲至爱，就好像同出一体，同气异息。《诗经》说："现在的人，都不像兄弟那样亲密了。"又说："兄弟在家里虽然有矛盾，但在外边却能共同抵御敌人。"这说的是兄弟能够休戚与共，不能被外人任意议论。如果连自己的兄弟都不能去爱，又怎么能去爱他人呢？自己不爱他人，他人又怎么会爱你呢？人人都不喜爱你，你的生活没有祸患和灾难是不可能的。《诗经》说"怕的就是只有你一个人"，说的就是这个意思。兄弟就像手足一样。如果有人砍断他的左脚，来延长他的右手，这有什么好处呢？魤有两张嘴，为了争夺事物相互撕咬，于是互相残杀。如果兄弟之间为了各自的利益互相残害，这跟魤有什么区别呢？

【15】《颜氏家训》论兄弟曰："方其幼也，父母左提右挈，前襟后裾，食则同案，衣则传服，学则连业，游则共方，虽有悖乱之人，不能不相爱也。及其壮也，各妻其妻，各子其子，虽有笃厚之人，不能不少衰也。娣姒之比兄弟，则疏薄矣。今使疏薄之人而节量亲厚之恩，犹方底而圆盖，必不合也。唯友悌深至，不为旁人之所移者，可免夫。兄弟之际，异于他人，望深虽易怨，比他亲则易弭。譬犹居室，一穴则塞之，一隙则涂之，无颓毁之虑。如雀鼠之不恤，风雨之不防，壁陷楹沦，无可救矣。仆妾之为雀鼠，妻子之为风雨，甚哉！兄弟不睦，则子侄不爱。子侄不爱，则群从疏薄。群从疏薄，则童仆为仇敌矣。如此，则行路皆踏其面而蹈其心，谁救之哉？人或交天下之士，皆有欢爱，而失敬于兄者，何其能多而不能少也？人或将数万之师，得其死力，而失恩于弟者，何其能疏而不能亲也？娣姒者，多争之地也。所以然者，以其当公务而就私情，处重责而怀薄义也。若能恕己而行，换子而抚，则此患不生矣。人之事兄不同于事父，何怨爱弟不如爱子乎？是反照而不明矣。"

　　《颜氏家训》在讨论兄弟关系的时候说："当他们年纪还小的时候，总是一起在父母的身边，在同一张桌子上吃饭，哥哥穿过的衣服再给弟弟穿，一起读书，一起玩耍。这样一来，虽然是不懂礼法的人，也不能不相互爱护。等到成人之后，兄弟们各有了自己的家庭子女，这个时候即使是忠厚诚实的人，兄弟之间的情谊也总会稍微减退一点。妯娌之间的关系，是比不上兄弟关系那样亲密的。如果让关系疏薄的妯娌关系来制约兄弟之间的感情，这就好像给方形的容器配上圆形的盖子一样，两者一定不能严丝合缝。只有那些兄弟亲情深厚，不受外人影响的人家，才能幸免于这种情形。兄弟之间的关系不同于常人，相互之间求全责备虽然容易产生怨恨，但是手足情亲，这种怨恨也容易消弭。拿房子来做比喻，当我们发现有一个洞或有一条裂缝的时候，就想办法去修复它，那么房子就没有倒塌的危险，如果我们连鸟雀、老鼠、风雨的破坏都不去防护，那么墙壁门窗就有毁坏倒塌的危险。家里面的仆人妻妾对于兄弟情感的破坏，就像那些破坏最厉害的雀鼠风雨一样。兄弟之间不能和睦，就会导致各自的子女不相爱，而这种情形又会导致同族的小辈互相疏远淡薄，导致各家的僮仆互相敌视。这样，陌生人就会来欺负他们，还有谁能够来救助呢？有的人结交天下之士都很融洽，对自己的哥哥反而不去敬重；有的人可以统帅几万士兵，得到他们的拥戴，可是对自己的弟弟反而缺少恩爱，这种人为什么这样的不会处理兄弟关系呢？妯娌之间关系最容易挑起矛盾争斗，因为她们相处时各怀私心，薄情寡义。如果能够实行己所不欲勿施于人的原则，把兄弟的儿子当自己的儿子来疼爱，那么这种矛盾摩擦就不会出现了。如果一个人尊敬兄长不同于尊敬父亲，那又怎能怨恨哥哥对自己的爱及不上对儿子的爱呢？这样埋怨就是只苛求别人而不要求自己。"

【16】吴太伯及弟仲雍，皆周太王之子，而王季历之兄也。季历贤，而有圣子昌，太王欲立季历以及昌。于是太伯、仲雍二人乃奔荆蛮，文身断发，示不可用，以避季历。季历果立，是为王季，而昌为文王。太伯之奔荆蛮，自号句吴。荆蛮义之，从而归之千余家，立为吴太伯。子曰："太伯，其可谓至德也已矣，三以天下让，民无得而称焉。"

| 今译 |

吴太伯和弟弟仲雍，都是周太王的儿子，王季历的哥哥。季历很贤能，而且有圣子姬昌，周太王想立季历与姬昌为王。因此太伯和仲雍两兄弟就奔赴荆蛮，文身截发，表示他们不能够为王了，他们用这样的方法来躲避弟弟季历。季历后来果然被立为王，称为王季，而姬昌就是周文王。太伯到了荆蛮之后，自号句吴。荆蛮百姓认为他很讲仁义道德，于是纷纷归附他，跟随他的人有一千多家，立他为吴太伯。孔子说："太伯，可以说是很有道德，多次让位给季历，百姓无不称赞他的美德。"

季历是幼子，按照宗法制，应该由嫡长子吴太伯继承王位。但是季历和他的儿子姬昌有贤才，他们继承王位才对国家社稷最为有利。但是，如果父亲越过他们直接去立季历为王储，这让父亲为难，也有违犯祖宗之法的嫌疑。吴太伯和弟弟仲雍察识到父亲的心意，为了不让父亲和弟弟犯难，他们跑到蛮夷之地。蛮夷代表的是域外之所，也就是周朝的法令不能达到的地方，因此，父亲传位给弟弟季历也不存在法理上的问题。在天下苍生大义与自己的个人得失之间，吴太伯和弟弟仲雍选择了前者，无不让人钦佩。

【17】伯夷、叔齐，孤竹君之二子也。父欲立叔齐。及父卒，叔齐让伯夷。伯夷曰："父命也。"遂逃去。叔齐亦不肯立而逃之。国人立其中子。

| 今译 |

伯夷、叔齐，是商代孤竹君的两个儿子。父亲孤竹君打算立叔齐来继承王位。等到父亲死后，叔齐主动让位给伯夷。伯夷说："立你为继承人是父亲的遗命，怎么能随便更改呢？"于是他逃亡而去。叔齐也不愿当继承人，也逃跑了。后来国人拥立孤竹君的第二个儿子为王。

【18】宋宣公舍其子与夷而立穆公。穆公疾，复舍其子冯而立与夷。君子曰："宣公可谓知人矣！主穆公，其子飨之，命以义夫！"

宋宣公没有立他的儿子与夷为继承人，而是把王位传给了穆公。穆公病重的时候，也没有立自己的儿子冯为继承人，而是把王位又传给了与夷。有德君子评论这件事时说："宣公可以称得上是知人了！他让穆公继承王位，他的儿子却仍然享受了君位，这是由于他的遗命出于道义吧！"

【19】吴王寿梦卒，有子四人，长曰诸樊，次曰余祭，次曰夷昧，次曰季札。季札贤，而寿梦欲立之。季札让，不可，于是乃立长子诸樊。诸樊卒，有命授弟余祭，欲传以次，必致国于季札而止。季札终逃去，不受。

吴王寿梦去世，他有四个儿子，长子叫诸樊，次子叫余祭，三子叫夷昧，四子叫季札。其中四子季札最有才德，吴王临死时想立他为王。可是季札谦让不肯接受，于是就立了长子诸樊为王。诸樊死的时候留下遗嘱，要将王位传给二弟余祭，而且今后也是按顺序传给弟弟，一定要把国家交到四弟季札手里，才能终止。可是季札最终还是逃走了，不肯接受王位。

【20】汉扶阳侯韦贤病笃，长子太常丞弘坐宗庙事系狱，罪未决。室家问贤当为后者。贤恚恨，不肯言。于是贤门下生博士义倩等与室家计，共矫贤令，使家丞上书言大行，以大河都尉玄成为后。贤薨，玄成在官闻丧，又言当为嗣，玄成深知其非贤雅意，即阳为病狂，卧便利中，笑语昏乱。征至长安，既葬，当袭爵，以病狂不应召。大洪胪奏状，章下丞相御史案验，遂以玄成实不病劾奏之。有诏勿劾，引拜，玄成不得已受爵。宣帝高其节，时上欲淮阳宪王为嗣，然因太子起于细微，又早失母，故不忍也。久之，上欲感风宪王，辅以礼让之臣，乃召拜玄成为淮阳中尉。

汉扶阳侯韦贤病重，他的长子太常丞弘因宗庙事被捕入狱，还没有判决。家里的人询问韦贤谁可以成为他的继承人。韦贤感到很气愤，不肯回答。于是韦贤的弟子博士义倩等人和他家里的人计议，假装是韦贤的命令，让家丞给皇上上书，要求立大河都尉玄成为继承人。韦贤死后，在外边做官的玄成听到了噩耗，又听说让他做扶阳侯继承人。但玄成深知这不是父亲的意思，于是就假装得了疯病，整天躺卧在垃圾之中，胡乱说笑。家人把他接到长安，在安葬好韦贤之后，就让他正式承袭爵位。他仍旧假装疯狂，不理他们。大洪胪将这些情况报告皇上，皇上便派丞相御史下去查验。经过调查，玄成确实在装病，于是向皇上弹劾他装病。但是，皇上下诏不追究他的罪责，只是让他赶紧承袭爵位。宣帝很佩服他这种高尚的节操。当时，宣帝正想改立淮阳宪王为太子，但因为当时的太子出身低贱，又早早地没了母亲，所以不忍心废除他。过了一段时间，宣帝想要教化宪王，就让那些懂得礼义谦让的大臣来辅助他，于是就把玄成拜为淮阳中尉。

【21】陵阳侯丁缭卒，子鸿当袭封，上书让国于弟成，不报。既葬，挂衰绖于冢庐而逃去。鸿与九江人鲍骏相友善，及鸿亡封，与骏遇于东海，阳狂不识骏。骏乃止而让之曰："春秋之义，不以家事废王事；今子以兄弟私恩而绝父不灭之基，可谓智乎？"鸿感语垂涕，乃还就国。

陵阳侯丁綝去世，他的儿子鸿应当承袭爵位。丁鸿给皇上上书请求将爵位让给弟弟成，但皇上没有批复。在安葬父亲之后，丁鸿把孝服挂在坟墓上就逃走了。鸿和九江人鲍骏关系非常好，鸿不接受封位出逃的时候，刚好和鲍骏在东海相遇。但是鸿假装不认识鲍骏。鲍骏拦住鸿对他说："春秋时代所谓的义，是不能因为家事荒废国事，现在你们因为兄弟之间相互谦让而葬送父亲传下来的家业，这能算得上是聪明吗？"鸿被鲍骏的话所感动，痛哭流涕，于是回去接受了爵位。

【22】居巢侯刘般卒，子恺当袭爵，让于弟宪，遁逃避封。久之，章和中，有司奏请绝恺国。肃宗美其义，特优假之，恺犹不出。积十余岁，至永元十年，有司复奏。侍中贾逵上书称："恺有伯夷之节，宜蒙矜宥，全其先公，以增圣朝尚德之美。"和帝纳之，下诏曰："王法崇善，成人之美，其听宪嗣爵。遭事之宜，后不得以为比。"乃征恺，拜为郎。

今译

居巢侯刘般去世，他的儿子刘恺应当承袭爵位，但是他要求将爵位让给弟弟刘宪，自己为了这件事情出逃。过了很长时间，到章和年间，有司衙门将这件事禀奏皇上，请求收回刘恺的封国。但是，肃宗很欣赏他们之间的礼让情义，就再请刘恺就位，可是刘恺还是不来。过了十多年，永元十年，有司衙门又一次向皇上奏请这件事。侍中贾逵上书说："刘恺有伯夷的节操，皇上应该保护和宽宥他，以保全他先人的基业，这也可以彰显陛下的圣德。"和帝采纳了贾逵的意见，下诏说："国家的律法惩恶扬善，成人之美。现准许刘宪承袭爵位。仅此一回，下不为例。"然后，又把刘恺召回朝廷，封他做了郎官。

【23】后魏高凉王孤，平文皇帝之第四子也，多才艺，有志略。烈帝元年，国有内难，昭成为质于后赵。烈帝临崩，顾命迎立昭成。及崩，群臣咸以新有大故，昭成来，未可果，宜立长君。次弟屈，刚猛多变，不如孤之宽和柔顺。于是大人梁盖等杀屈，共推孤为嗣。孤不肯，乃自诣邺奉迎，请身留为质。石季龙义而从之。昭成即王位，乃分国半部以与之。然兄弟之际，宜相与尽诚，若徒事形迹，则外虽友爱而内实乖离矣。

后魏高凉王孤，是平文皇帝的第四个儿子，他多才多艺，很有志气谋略。烈帝元年，国家发生内乱，昭成到后赵做人质。烈帝临死的时候，遗诏迎立昭成为皇帝。烈帝死后，群臣都认为皇帝刚刚驾崩，迎立昭成不一定能成功，应该拥立新君。昭成的弟弟屈，刚猛多变，不如孤宽和柔顺。于是梁盖等杀死屈，一起拥立孤为皇帝。孤不同意即位，亲自到邺地去迎接哥哥昭成回来接任皇位，他愿意留做人质。石季龙深感他的大义，就答应了他的要求。昭成即皇帝位后，分给了孤一半江山。兄弟之间，就应该坦诚相待，如果光是讲究那些虚伪的礼仪，就会外表看上去团结友爱，实质上却是相互背离。

【24】宋祠部尚书蔡廓，奉兄轨如父，家事大小皆咨而后行。公禄赏赐，一皆入轨。有所资须，悉就典者请焉。从武帝在彭城，妻郗氏书求夏服。时轨为给事中，廓答书曰："知须夏服，计给事自应相供，无容别寄。"向使廓从妻言，乃乖离之渐也。

南朝宋祠部尚书蔡廓，侍奉哥哥蔡轨就像侍奉父亲一样，家里的大小事情他都要先请示兄长，然后再做。他做官的俸禄和得到的赏赐，都要交给哥哥。如果需要钱物，他都要到管家那里领取。有一次，他跟随武帝到了彭城，妻子郗氏给他写信，要求置办夏天的衣服。当时蔡轨官至给事中，蔡廓给妻子回信说："我已经知道你需要夏天的衣服，但我估计哥哥自有安排，你不用再给我寄信了。"如果蔡廓听了妻子的话，出面向哥哥索要衣服，那么他们之间就要因相互不信任而渐渐产生矛盾了。

【25】梁安成康王秀与弟始兴王憺友爱尤笃，憺久为荆州刺史，常以所得中分秀。秀称心受之，不辞多也。若此，可谓能尽诚矣！

梁朝安成康王萧秀与弟弟始兴王萧憺非常友爱，萧憺长时间担任荆州刺史，经常把他的俸禄分给哥哥，萧秀欣然接受，也不怎么推辞。兄弟之间如果能像这样，就可以说是以诚相待了。

【26】卫宣公恶其长子急子，使诸齐，使盗待诸莘，将杀之。弟寿子告之使行，不可，曰："弃父之命，恶用子矣！有无父之国则可也。"及行，饮以酒，寿子载其旌以先，盗杀之。急子至，曰："我之求也，此何罪，请杀我乎！"又杀之。

卫宣公不喜欢他的长子急子，就让他出使齐国，然后指使强盗在莘这个地方埋伏，准备杀掉他。急子的弟弟寿子将这个秘密告诉了哥哥，并让哥哥赶快逃走。但急子认为这样做不对，他说："不听从父亲的命令，那还算什么儿子！如果我们是在一个不尊重父亲的国家，那就可以这样做。"等到急子出发的时候，弟弟寿子请他喝酒，把他灌醉，然后寿子自己打着急子的旗号走在前边，埋伏在那里的强盗误将寿子杀死。急子醒来后又赶到埋伏地点说："你们找的人是我，他有什么罪？请杀我吧！"这些人又把急子杀了。

卫宣公实在不是一个好父亲，所谓虎毒不食子，而他竟然派人在中途杀害自己的长子。古人讲的父子关系是父慈子孝，它一定是一个双向的互动，对双方都有要求，父不慈则子不孝。故事中的父虽不慈，但是两个儿子确是孝、悌之人。急子认为逃跑违背了父亲的意愿，是不孝的行为，他认为应该以自己的实际行动来表明自己所生活的国家是一个尊重、孝顺父亲的国家，并希望臣民拥有这样的德性。他无疑从整个国家的治政角度来看待自己的生死问题。而自己的兄弟爱自己的兄长，既充分理解自己兄长的选择，同时又疼惜自己的兄长，所以决定代兄赴死。整个故事充满悲剧色彩，而其源头在于那个可恶的父亲卫宣公！

【27】王莽末，天下乱，人相食。沛国赵孝弟礼，为饿贼所得，孝闻之，即自缚诣贼曰："礼久饿羸瘦，不如孝肥。"饿贼大惊，并放之，谓曰："且可归，更持米来。"孝求不能得，复往报贼，愿就烹。众异之，遂不害。乡党服其义。

| 今译 |

王莽末年，天下大乱，已经到了人吃人的境地。沛国赵孝的弟弟赵礼，被一群恶贼抓住了，他们正准备将赵礼煮了吃，赵孝听说了，就自己把自己绑起来去见那些贼寇说："我弟弟有很长时间吃不饱饭，他不如我肥。"这群贼寇听了大惊，一起把他们兄弟俩放了，并对他们说："你们回去吧，但要拿一些吃的东西

来。"赵孝回去后想办法找粮食，但没有找到，他就又去告诉那些贼说："我找不到粮食，你们煮了我吧。"这些贼寇对他的行动感到惊异，于是没有加害于他。乡里人都佩服他的仁义。

| **实践要点** |

贼寇虽然良知已经泯灭，竟然要抓人吃人，但是，人的本性却总是在黑暗中留存有一丝的光辉，它是善性的萌端，只要有合适的土壤和养分，它也能够成长。赵孝与赵礼两兄弟，情义笃深，互相要替对方去死，重义轻生，这与贼寇们那种重利轻义、尔虞我诈的价值观念不同。直接给贼寇当头棒喝。两兄弟之间敦厚的情感通天彻地，感动、柔化了那贼寇的蛇蝎之心，终于把他们都放了。

> 【28】北汉淳于恭兄崇将为盗所烹，恭请代，得俱免。又，齐国倪萌、梁郡车成二人，兄弟并见执于赤眉，将食之。萌、成叩头，乞以身代，贼亦哀而两释焉。

| **今译** |

北汉淳于恭的哥哥淳于崇被贼寇抓住了，准备把他煮了，淳于恭请求代替弟弟去死，那些贼盗就都饶了他们。还有，齐国的倪萌、梁郡的车成，他们曾经都

是兄弟两个一起被赤眉军抓住，并且要把他们煮了吃。倪萌和车成分别向贼人乞求以自己代替自己的兄弟，那些贼人也都为他们所感动，怜悯他们并把他们放了。

【29】宋大明五年，发三五丁，彭城孙棘弟萨应充行①，坐违期不至。棘诣郡辞列："棘为家长，令弟不行，罪应百死，乞以身代萨。"萨又辞列自引。太守张岱疑其不实，以棘、萨各置一处，报云："听其相代，颜色并悦，甘心赴死。"棘妻许，又寄语属棘："君当门户，岂可委罪小郎？且大家临亡，以小郎属君，竟未妻娶，家道不立，君已有二儿，死复何恨？"岱依事表上。孝武诏，特原罪，州加辟命，并赐帛二十四。

| 今译 |

/

南朝宋大明五年，朝廷征发兵役，彭城孙棘的弟弟孙萨应当服兵役，但他没有按期到达，犯了罪。孙棘到郡守那里领罪说："我是一家之长，却没有让弟弟及时出发，罪该万死，我请求代替弟弟服罪。"孙萨自己也去认罪，说这事与哥哥无关。太守张岱怀疑他们是事先串通好的，就将孙棘和孙萨分别关押，试探虚实。手下回来报告说："他们兄弟听说能够代替对方去死后，都非常高兴，他们都甘心去死。"孙棘的妻子认可他的做法，又捎话给丈夫："你是一家之主，责任怎么能往弟弟的身上推呢？况且父母临死的时候，将弟弟托付给你，他还没有娶妻，没有成家立业，而你已经有两个儿子了，死又有什么遗憾的呢？"太守将这件事呈奏皇上，孝武皇帝下诏，赦免了他们的罪责，让州府任命他们官职，并赐给他们二十四帛。

| 简注 |

① 充行：入选军队。

【30】梁江陵王玄绍、孝英、子敏，兄弟三人，特相爱友。所得甘旨①新异②，非共聚食，必不先尝。孜孜色貌，相见如不足者。及西台陷没，玄绍以须面魁梧，为兵所围，二弟共抱，各求代死，解不可得，遂并命云。贤者之于兄弟，或以天下国邑让之，或争相为死；而愚者争锱铢之利，一朝之忿，或斗讼不已，或干戈相攻，至于破国灭家，为他人所有，乌在其能利也哉？正由智识褊浅，见近小而遗远大故耳，岂不哀哉！《诗》云："彼令兄弟，绰绰有裕。不令兄弟，交相为愈。"其是之谓欤。子产曰："直钧，幼贱有罪。"然则兄弟而及于争，虽俱有罪，弟为甚矣！世之兄弟不睦者，多由异母或前后嫡庶更相憎嫉，母既殊情，子亦异党。

梁江陵王玄绍、孝英、子敏，他们兄弟三人感情特别好。如果有好吃的东西，他们就一起吃，决不会一个人吃独食。他们亲密无间，经常在一起。后来战乱爆发，西台失陷。玄绍因为身材魁梧，被敌兵包围。他的两个弟弟抱住他，都请求代他去死。敌兵不能将他们分开，于是把他们一起放了。贤能的兄弟之间，或者以天下国家互相推让，或者争相代死；可是那些愚蠢的兄弟，却往往争夺锱铢小利，因为一时的忿恨，或者争吵不休，或者大动干戈，以至家灭国破，被他人所有，这样做又有什么好处呢？因为他们智识短浅，贪图小利，而因小失大，这难道不是很悲哀吗？《诗经》说："兄弟之间和睦相处，家产就会富足；兄弟之间不和，家里就会贫病交加。"说的就是这个道理。子产说："各有理由，年幼地位低的有罪。"这样说来，兄弟之间相互争斗，虽然都有过错，但是弟弟的责任更大。这个世上兄弟之间不和睦，大多是因为异母或前母、继母、嫡母、庶母之间互相憎恨嫉妒，母亲之间感情不好，孩子们自然不会团结一致。

| 简注 |

① 甘旨：美味的食物。

② 新异：新颖奇异的东西。

【31】晋太保王祥，继母朱氏遇①祥无道。朱子览，年数岁，见祥被楚挞②，辄涕泣抱持。至于成童，每谏其母，少止凶虐。朱屡以非理使祥，览辄与祥俱。又虐使祥妻，览妻亦趋而共之。朱患之，乃止。祥丧父之后，渐有时誉，朱深疾之，密使鸩③祥。览知之，径起取酒。祥疑其有毒，争而不与。朱遽夺，反之。自后，朱赐祥馔④，览先尝。朱辄惧览致毙，遂止。览孝友恭恪，名亚于祥，仕至光禄大夫。

| 今译 |

／

西晋太保王祥的继母朱氏对待王祥不讲人道。朱氏的亲儿子王览年龄只有几岁，看到王祥被母亲殴打，每次都抱着王祥痛哭。王览十五岁之后，常劝说母亲，让她不要对哥哥王祥凶残虐待。朱氏多次无理役使王祥，王览就与哥哥王祥一起。朱氏还虐待役使王祥的妻子，王览的妻子也跟着一起。朱氏没有办法，才停止了对王祥的虐待。王祥的父亲死了之后，王祥在当地的声誉渐高，朱氏很嫉恨，就暗中派人毒死王祥。王览知道后，连忙拿起毒酒。王祥怀疑酒中有毒药，就跟览争夺，不让他喝。朱氏立刻夺过毒酒，把他还给送酒的人。从此以后，朱氏拿给王祥的饭菜，王览总要先尝一下。朱氏害怕王览被毒死，才停止对王祥的暗害。王览孝顺父母，爱护兄弟，名声仅次于王祥，他最后官至光禄大夫。

① 遇：对待。

② 楚挞：杖打。

③ 鸩：用毒酒毒害。

④ 馔：吃喝的东西。

【32】后魏仆射李冲，兄弟六人，四母所出，颇相忿阋。及冲之贵，封禄恩赐，皆与共之，内外辑睦。父亡后，同居二十余年，更相友爱，久无间然，皆冲之德也。

| 今译 |

后魏仆射李冲，有兄弟六人，这六兄弟由四个母亲所生，他们互相仇视争斗。李冲做官以后，他把自己的俸禄和得到的赏赐全都拿出来给兄弟们共用，从此兄弟们内外团结，和睦相处。父亲死后，他们兄弟几人在一起生活了二十多年，更加团结友爱，没有一点隔阂，这些都是因为李冲品德高尚才能这样。

【33】北齐南汾州刺史刘丰，八子俱非嫡妻所生。每一子所生丧，诸子皆为制服①三年。武平、仲所生丧，诸弟并请解官，朝廷义而不许。

北齐南汾州刺史刘丰，他的八个儿子都不是嫡妻生的。每个儿子的生母去世，其他几个儿子都要为她服丧三年。武平和仲的生母去世，其他几个兄弟都请求辞去官职守丧，朝廷表彰他们的节义，但不允许他们辞官。

① 制服：在父母丧期中穿的丧服。

【34】唐中书令韦嗣立，黄门侍郎承庆异母弟也。母王氏遇承庆甚严，每有杖罚，嗣立必解衣请代，母不听，辄私自杖。母察知之，渐加恩贷①。兄弟苟能如此，奚异母之足患哉！

　　唐代中书令韦嗣立是黄门侍郎承庆的异母弟弟。母亲王氏对待承庆非常严苛，每次王氏鞭打承庆的时候，嗣立就解开自己的衣服，请求代替哥哥受罚。母亲不允许，他就自己打自己一顿。母亲知道后，对承庆的态度渐渐好了起来。如果兄弟之间能够如此友爱，不是同一个生母又有什么妨碍呢？

① 恩贷：施恩宽宥。

　　【35】齐攻鲁，至其郊，望见野妇人抱一儿、携一儿而行。军且①及之②，弃其所抱，抱其所携而走于山。儿随而啼，妇人疾行不顾。齐将问儿曰："走者尔母耶？"曰："是也。""母所抱者谁也？"曰："不知也。"齐将乃追之。军士引弓将射之，曰："止！不止，吾将射尔。"妇人乃还。齐将问之曰："所抱者谁也？所弃者谁也？"妇人对曰："所抱者，妾兄之子也；弃者，妾之子也。见军之至，将及于追，力不能两护，故弃妾之子。"齐将曰："子之于母，其亲爱也，痛甚于心，今释之而反抱兄

之子，何也?"妇人曰:"己之子，私爱也。兄之子，公义也。夫背公义而向私爱，亡兄子而存妾子，幸而得免，则鲁君不吾畜，大夫不吾养，庶民国人不吾与也。夫如是，则胁肩无所容，而累足无所履也。子虽痛乎，独谓义何? 故忍弃子而行义。不能无义而视鲁国。"于是齐将案兵^③而止，使人言于齐君曰:"鲁未可伐。乃至于境，山泽之妇人耳，犹知持节行义，不以私害公，而况于朝臣士大夫乎? 请还。"齐君许之。鲁君闻之，赐束帛百端，号曰"义姑姊"。

今译

齐国的军队攻打鲁国，到了鲁国郊外，看见一个农家妇女怀里抱着一个小孩，手里牵着一个小孩赶路。军队快追上去的时候，那妇女放下怀里抱着的孩子，抱起手里牵着的小孩逃到山里。那个被丢下的小孩在后边啼哭，可这个农妇飞快地行走，并不理会。齐军将领问那个哭泣的小孩:"逃跑的人是你的母亲吗?"小孩回答说:"是的。""你母亲抱的小孩是谁?""不知道。"齐军将领就去追那个农妇，士兵引弓搭箭准备射她，并喊道:"站住! 如果你不站住，就射死你。"农妇只好回来。齐国的将领问她:"你手里抱的小孩是谁? 丢下的那个小孩又是谁?"妇女回答说:"我怀里抱的是我哥哥的儿子,丢下的是我自己的儿子。我看见军队快要追上来,我没有能力同时保护两个孩子,就舍弃了我自己的儿子。"齐国的将领说:"儿子对于母亲来说,那是最疼爱的,失去了会非常心痛,你现在却丢弃亲儿子,反而抱着哥哥的孩子逃跑,这是为什么呢?"这个农妇说:"疼爱自己的孩子是每个人的私人情感;但是,救兄长的孩子,这是一种公共道德。如果我违背公共道德而偏向自己的私人感情,丢弃兄长的孩子而救我自己的孩子,就算能幸免于难,鲁国的国君也不会再要我这样的子民,鲁国的大夫也不愿再接受我,国内的老百姓也会羞耻与我为伍。果真这样的话,我以后根本没有容身之所,也没有立锥之地。我虽然很疼爱儿子,可是我能置道义不顾吗?所以我忍心丢下自己的儿子来保全道义。如果我丢掉了道义就再也没有脸面回鲁国了。"听了这个妇人的话,齐国的将领竟然按兵不动,派人报告齐国的国君说:"我们现在不能征伐鲁国。我们来到鲁境,连一个山野妇人都懂得守节操行道义,不以私害公,何况他们的朝臣和士大夫呢?所以我们请求退兵。"齐国的国君同意了。后来,鲁国的国君听说了这件事,赐给这个妇女很多束帛,并赐给了她一个"义姑姊"的称号。

| **简注** |

① 且:即将。

② 及之:追上。

③ 案兵:放下武器。

孟子讲仁者无敌。君王治政时以德性化民，君德为风，民德为草，风吹则草偃，君臣守义聚义，必能成仁义之师。山中村妇，便能识得大义，遇到危险，先救自己兄长的儿子，而舍弃自己的儿子。对于母亲来讲，这何尝不痛。然而，她所看重的是一个"义"字，孩子是自己身上掉下的肉，一体不容已，孩儿身死便是自己身死，面对生死与仁义之间的抉择，她义无反顾，选择了更大的正义。这一点触动到一线的将领，他将自己所见闻的报告给齐君，建议他不要攻打鲁国。因为连一个普通的村野妇人都能够舍生取义，轻视自己的生命而重视国家的道义，这样的国家是绝对打不赢的。

【36】梁节姑姊之室失火，兄子与己子在室中，欲取其兄子，辄得其子，独不得兄子。火盛，不得复入。妇人将自趣①火，其友止之曰："子本欲取兄之子，惶恐卒误得尔子，中心谓何？何至自赴火？"妇人曰："梁国岂可户告人晓也，被不义之名，何面目以见兄弟国人哉？吾欲复投吾子，为失母之恩。吾势不可生。"遂赴火而死。

/

梁国有个有节操的女子，她家里失了火，哥哥的儿子与自己的儿子都在室内，她想救出哥哥的儿子，但每次找到的都是自己的儿子，唯独不见哥哥的儿子。火势旺盛，她不能再进去，于是她准备跳进火中，她的朋友阻拦她说："你本来想救你哥哥的儿子，惊慌当中却救出了自己的儿子，你的本意是好的，为什么自己要跳进火中去死呢？"那个女子回答说："梁国这么大的一个国家，我怎么可能向每一户人家都解释我的想法呢？我蒙受没有道义的名声，又有何脸面去见兄弟和国人呢？我想把我的儿子再投进火中，又怕失去了为人母亲的恩情和道义。但是，我的确无法苟活下去了。"于是就跳进火中烧死了。

| 简注 |

/

① 趋：同"趋"，赴。

| 实践要点 |

/

妇人确有德性，其发心最初是要救自己兄长的儿子，然而最后没有救出，自己要去赴死，确是为名所累！孟子在讲孺子入井典故的时候，讲到一个"正念"与"转念"的问题。为一个陌生孩童入于险境，而动恻隐之心，就那一刹那要去救他，这是善的萌端。这是正念。想救入井孩童，决不是因为要在村里博得一个好的名声，也不是要从小孩父母那里得到好处，也不是因为厌恶小孩子的哭声。因为考虑到这些问题，已经不是纯粹的为孩童生命的处境所感动，而是夹杂着很多功利的念头，在孟子看来，这些念头已经转了。妇人在遇火灾时，想救其兄长的儿子，想必也是受兄长儿子的处境所感动而动容，但是救人需要工具、条件，她数次进入火海都救不到兄长的儿子，最终想着以身殉义。她是因为怕别人说她只救自己的儿子，不救兄长的儿子，名声坏了。本来她还想把孩子重新扔到火海中，又怕损及做母亲的恩情，所幸她没有！可是，她最终自己还是跳进火海了，她怎么不想想自己的儿子和家人，孤苦无依，这便是转念了！仁义是德性，可是空空守着个名声，就是徒有形式，便是不能真切去了解仁义的本初含义了。

【37】汉郃阳任延寿妻季儿，有三子。季儿兄季宗与延寿争葬父事，延寿与其友田建阴杀季宗。建独坐死。延寿会赦，乃以告季儿。季儿曰："嘻！独今乃语我乎？"遂振衣欲去，问曰："所与共杀吾兄者，为谁？"曰："与田建。田建已死，独我当坐之，汝杀我而已。"季儿曰："杀夫不义，事兄之仇亦不义。"延寿曰："吾不敢留汝，愿以车马及家中财物尽以送汝，惟汝所之。"季儿曰："吾当安之？兄死而仇不报，与子同枕席而使杀吾兄，内不能和夫家，外又纵兄之仇，何面目以生而戴天履地乎？"延寿惭而去，不敢见季儿。季儿乃告其大女

曰：“汝父杀吾兄，义不可以留，又终不复嫁矣。吾去汝
而死，汝善视汝两弟。”遂以襁自经而死。左冯翊王让闻
之，大其义，令县复其三子而表其墓。

| 今译 |

/

　　汉代郃阳任延寿的妻子季儿，他们有三个孩子。季儿的哥哥季宗和任延寿为
安葬父亲的事发生争斗，延寿与他的朋友田建暗杀了季宗。后来只有田建一人
被判了死刑，延寿正巧碰上了大赦，没有死。他回去告诉季儿，季儿说：“你为
什么现在才告诉我？”于是她整整衣服准备离去：“你和谁一起杀了我哥哥？”任
延寿回答说：“和田建。但田建现在已经死了，只有我来承担责任了，你杀了我
吧。”季儿说：“杀自己的丈夫是不义的行为，但是侍奉兄长的仇人也是不义的事
情。”延寿说：“我也不敢再留你做我的妻子了，我愿意将家里的车马和财物都送
给你，你任意拿取。”季儿说：“我应当去哪里呢？兄长被杀而不能为他报仇，我
和你一起生活，却发生了你杀我兄长的事情，我在内不能调理好丈夫与别人的矛
盾，在外又放过了兄长的仇人，我还有什么脸面活在世界上呢？”延寿羞惭地离
开了，不敢再去见季儿。季儿对她的大女儿说：“你的父亲杀了我的哥哥，我不
能再留在这里了，但我也不能再改嫁他人了。我只好丢下你们去死，你一定要
好好照看你的两个弟弟。”于是她便上吊自杀了。当时的左冯翊王让听说了这件

事，赞赏季儿的节义，下令让县里免去她的三个孩子的徭役，并表彰季儿的节烈义举。

【38】唐冀州女子王阿足，早孤，无兄弟，唯姊一人。阿足初适同县李氏，未有子而亡，时年尚少，人多聘之。为姊年老孤寡，不能舍去，乃誓不嫁，以养其姊。每昼营田业，夜便纺绩，衣食所须，无非阿足出者，如此二十余年。及姊丧，葬送以礼。乡人莫不称其节行，竞令妻女求与相识。后数岁，竟终于家。

| 今译 |

唐代冀州女子王阿足，早年丧父，没有兄弟，只有一个姐姐。阿足起初嫁给本县的李氏，还没有生孩子，丈夫就死了，这时阿足还很年轻，很多人想娶她为妻。但是她想到姐姐年老又孤苦伶仃，不愿离开姐姐，就发誓不再嫁人，自己来养活姐姐。长达二十多年，她白天耕田种地，晚上纺纱织布，姐姐的衣食用品都是她提供的。等到姐姐去世，她依照礼法安葬了姐姐。乡里的百姓无不称赞她的品行，都让自己的妻子、女儿和她结识，向她学习。几年后，她老死在家中。

【39】夫妇之道，天地之大义，风化之本原也，可不重欤!《易》:"艮下兑上，咸。象曰:止而说，男下女，故取女吉也。巽下震上，恒。象曰:刚上而柔下，雷风相与。"盖久常之道也。是故礼，婚冕而亲迎，御轮三周。所以下之也。既而婿乘车先行，妇车从之，反尊卑之正也。

《家人》:"初九，闲有家，悔亡。"正家之道，靡不在初，初而骄之，至于狼，浸不可制，非一朝一夕之所致也。昔舜为匹夫，耕渔于田泽之中，妻天子之二女，使之行妇道于翁姑，非身率以礼义，能如是乎?

| 今译 |

　　夫妇之间的道义，是天地间很重要的道义，也是风俗教化的根本，能不重视吗!《周易》说:"艮在下兑在上，是咸卦。象辞说:男女交往既有节制又互相愉悦，男子谦卑地向女子求婚，这样娶妻才吉利。巽在下震在上，是恒卦。象辞说:男子在上，女子在下，是雷和风的结合。"这是永恒不变的道理。因此礼法规定，新郎戴上礼帽，迎亲的时候要驾车绕行几圈，为的是向新娘表示谦恭。然后新郎的乘车走在前面，新娘的乘车跟在后面，又是为了表明男尊女卑。

《家人》卦说："在治理家庭时，要注意防止妻子的空闲无聊，那样才不会产生悔恨。"因此端正家风的办法，就是在娶回媳妇的时候就要严格管教她。如果一开始就娇惯妻子，就会让妻子放荡恣肆，不可遏制。这并不是一朝一夕就会出现的情形，而是从一开始就没有管教的结果。以前，舜身为平民的时候，自己在田里耕种，在河里养鱼。他娶了天子的两个女儿做妻子，但能让她们在公婆面前履行妇道，如果不是他自己躬行礼义，妻子能做到这些吗？

| 实践要点 |

这一条可以作为这一整卷的注脚。夫妇的结合，是男女的大端，也是家庭成立的首要条件。我们跟自己的父母兄弟姊妹，是有血缘的关系。但夫妻的结合，纯粹是因为感情，他们并没有血缘作为维系的基础，当然随着小孩的降生，他们有了共同的生命结晶。这一条中讲了很多男女之间交往，乃至结婚之后的种种礼仪、节目的要求。借用《周易》的"咸卦"，它讲了男女交往的两个原则：既要相互取悦，同时又要有所节制。这两条原则用在今天可以说毫不过时！两情相悦是基础，可是情又不能泛滥。另外，在求婚及迎娶新娘的时候，它强调的是男子的一种谦恭的态度，这一点应当注意。所谓男为主，或者一家之主，实在是从德性发端的角度来讲，要求男主人应该要有一个成熟的德性人格，躬身自行，这样才能积极影响自己的妻子、小孩，用自己的生命一步步引导家庭成员的德性生命得到互振、同感，从而营造一个有德性、有礼仪，拥有良好家风的家庭氛围。

【40】汉鲍宣妻桓氏，字少君。宣尝就^①少君父学，父奇其清苦，故以女妻^②之，装送资贿^③甚盛。宣不悦，谓妻曰："少君生富骄，习美饰，而吾实贫贱，不敢当礼。"妻曰："大人以先生修德守约，故使贱妾侍执巾栉，既奉承君子，惟命是从。"宣笑曰："能如是，是吾志也。"妻乃悉归侍御服饰，更着短布裳，与宣共挽鹿车，归乡里，拜姑毕，提瓮出汲，修行妇道，乡邦称之。

| 今译 |

　　西汉鲍宣的妻子桓氏，字少君。鲍宣曾经跟随少君的父亲读书学习，少君的父亲欣赏他刻苦好学，就把女儿许配给他，少君出嫁时嫁妆非常丰厚。鲍宣心里不高兴，就对妻子说："你生在富贵人家，习惯穿漂亮的衣服，可是我非常贫穷，不敢和你结婚。"妻子说："我父亲是因为你品德高尚、俭朴简约，所以才让我嫁给你。既然做了你的妻子，我什么事情都听你的。"鲍宣笑着说："你真能这样，就符合我的心意了。"少君将那些陪嫁的衣服全都送回娘家，自己穿上了平民的衣服，和鲍宣一起拉着小车，回到家乡。她参拜完婆母，就提着水瓮出去打水，修习为妇之道，乡里的人对她非常称赞。

① 就：跟随。

② 妻：以女嫁人。

③ 资贿：财货，这里指嫁妆。

【41】扶风梁鸿，家贫而介洁。势家慕其高节，多欲妻之，鸿并绝不许。同县孟氏有女，状肥丑而黑，力举石臼，择对不嫁，行年三十。父母问其故，女曰："欲得贤如梁伯鸾者。"鸿闻而聘之。女求作布衣麻履，织作筐缉绩之具。及嫁，始以装饰，入门七日，而鸿不答。妻乃跪床下请曰："窃闻夫子高义，简斥数妇，妾亦偃蹇①数夫矣。今而见择，敢不请罪？"鸿曰："吾欲裘褐之人，可与俱隐深山者尔。今乃衣绮缟，傅粉墨，岂鸿所愿哉！"妻曰："以观夫子之志尔。妾自有隐居之服。"乃更椎髻，着布衣，操作具而前。鸿大喜，曰："此真梁鸿之妻也！能奉我矣！"字之曰"德曜"，遂与偕隐。是皆能正其初者也。夫妇之际，以敬为美。

东汉扶风人梁鸿，虽然家里十分贫穷，但他志向高洁。当地有权势的人家羡慕他的品行高尚，都愿意把女儿许配给他，可是他都回绝了。同县孟氏家有个女儿，长得肥胖而且又黑又丑，力气很大，能举起石臼。年近三十，家人为她选好了夫家，她却不肯出嫁。父母问她原因，她说："我想找个像梁鸿那样贤能的人。"梁鸿听说后就和她订婚。她让父母给她准备了布衣麻鞋以及筐筐、纺织用具等等。出嫁后，她每天都梳妆打扮，但进入梁家七天，梁鸿也没有搭理她。她跪在床下请罪说："我听说你志向高洁，拒绝了好几个求婚女子，我也不肯低就，回绝了几个求婚男子。如今嫁给你，但你却不理我，我做错什么了吗？"梁鸿回答说："我想娶的是穿粗陋衣服的女子，她能和我一起隐居深山之中。如今你却穿着绫罗绸缎，涂脂抹粉，哪里是我的愿望啊！"妻子说："我这样打扮，为的就是观察你的志向。我自有隐居的服装。"过了一会儿，她把头发绾成椎髻，身穿布衣短裳，手拿干活的工具，来到梁鸿跟前。梁鸿非常高兴地说："这才像我梁鸿的妻子！我们可以一起生活了。"他给妻子取字叫"德曜"，然后和她一起隐居。这样的夫妻，一开始就是丈夫把妻子引上了正路。夫妻之间，以相敬如宾为美德。

① 偃蹇：骄横，傲慢。

隐士是中国古代一类特殊的人群，他们对现实政治失望，只想保持自己的名节，隐居山林，独善其身，不争世事。伯夷叔齐、陶渊明是这样的人，梁鸿也是这样的人。隐士当然是甘于清贫的，梁鸿的妻子出身富门，并不嫌贫爱富，而是注重夫家的人格品行，这种择偶观在今天仍然具有推介的意义。太过注重物质，而忽视情感与德性的基础，俨然成为今天中国婚姻的共病，动不动闪婚、闪离，便是如此。

【42】晋臼季使，过冀，见冀缺耨，其妻馌之，敬，相待如宾。与之归，言诸文公曰："敬，德之聚也，能敬必有德，德以治民，君请用之。"文公从之，卒为晋名卿。

| 今译 |

晋国的臼季出使远方，路过冀地，看见冀缺在锄草，他的妻子给他送来了饭。妻子对丈夫非常恭敬，而冀缺对妻子也相敬如宾。臼季就把冀缺一起带回了晋国，并向晋文公推荐说："对别人恭敬是有德行的最大的表现，一个人如果能做到恭敬，他肯定有德行。而德行正是治理国家需要的东西，恳请君王重用这个人。"晋文公采纳了他的建议，冀缺最终成为晋国很出名的好官。

【43】汉梁鸿避地于吴，依①大家皋伯通，居庑下，为人赁春②。每归，妻为具食，不敢于鸿前仰视，举案齐眉③。伯通察而异之，曰："彼佣，能使其妻敬之如此，非凡人也。"方舍之于家。

| 今译 |

东汉梁鸿到吴地避乱，投靠在大家世族皋伯通的门下，寄居他家廊屋，靠为人春米为生。梁鸿每次春米回来，妻子都为他做好了饭菜，却不敢仰视丈夫一眼，将盛饭菜的托盘高高举起来，送到丈夫面前。伯通发现后非常惊异，说："他是一个佣人，却能让他的妻子对他如此恭敬，他肯定不是平常人。"于是伯通就让梁鸿住进家里。

| 简注 |

① 依：投靠。

② 赁春：受雇为人春米。

③ 举案齐眉：典指后汉梁鸿之妻把食具抬举到眉眼那样的高度递给丈夫，后形容夫妻之间相互敬爱之至。

【44】晋太宰何曾，闺门整肃，自少及长，无声乐嬖幸①之好。年老之后，与妻相见，皆正衣冠，相待如宾，己南向，妻北面再拜，上酒，酬酢既毕，便出。一岁如此者，不过再三焉。若此，可谓能敬矣！

今译

西晋太宰何曾，他家的家规非常严格。全家人，从年轻的到成年的，没有一个人喜欢声色之乐。何曾在年老之后，每次与妻子会面，都要整衣束带，与妻子相敬如宾。他自己面南而坐，妻子向北给他拜两拜，然后端上酒来，互相敬酒之后，何曾才离开。夫妇之间这样互相行礼，一年之中不过两三次。像这样的夫妻，可以算是相敬如宾了。

简注

① 嬖幸：出身低贱但受宠爱的人，这里指歌姬。

【45】昔庄周妻死，鼓盆而歌。汉山阳太守薛勤，丧妻不哭，临殡曰："幸不为夭，夫何恨！"太尉王龚妻亡，与诸子并杖行服。时人两讥之。晋太尉刘实丧妻，为庐杖之制，终丧不御肉，轻薄笑之，实不以为意。彼庄、薛弃义，而王、刘循礼，其得失岂不殊哉？何讥笑焉！

今译

古时候庄周的妻子死了，庄周敲着盆子高歌。汉代山阳太守薛勤，妻子死了他却不哭，到了快殡殓的时候说："你不算是夭折而死，有什么遗憾的呢？"太尉王龚的妻子去世，王龚和几个儿子一起守丧。当时的人都讥讽他们。晋太尉刘实的妻子去世，他按礼制为妻子服丧，在治丧期间一点肉都不吃。当时那些轻薄的人讥笑他，很不以为然。庄周和薛勤丝毫不讲礼义，而王龚和刘实遵守礼法，他们谁对谁错难道还看得不明显吗？为什么要讥笑王龚和刘实呢？

实践要点

这一条主要讲面对妻丧的几种情形。庄子的妻子死了，他鼓盆而歌，并非他不爱自己的妻子，而是他认为人的生命从天地万化中开始，最终又将回归到宇宙万化之中。因此，他为自己的妻子感到开心。薛勤的妻子死了，他并不感到悲伤，认为生命如同花开花落、潮起潮落，自然有其规律，如四季交替、昼夜更替一般，自己的妻子并不是因为恶疾夭折而死，而是生命自然的规律。在生时好好爱自己的妻子，好好照顾自己的妻子，等她死去的时候便坦然面对，这没有什么遗憾。王龚和儿子们一起为妻子守孝，其实不符合儒家的礼制，因为守孝是儿女为父母，不是丈夫、妻子之间，今天在潮汕一些还保留传统丧葬礼制的地方依旧如此。刘实为妻服丧也是如此。但他们都出于对妻子深切、真挚的爱。在笔者看来，这几种情形虽然对妻子去世的处理有所不同，但是无一不是对妻子深沉的爱在背后支撑，纵然有的看起来桀骜不驯，有的看起来违背礼法，但情深意切，跃然纸上。

【46】《易》："恒。六五，恒其德。贞，妇人吉。夫子凶。象曰：妇人贞吉，从一而终也。夫子制义，从妇凶也。"丈夫生而有四方之志，威令所施，大者天下，小者一官，而近不行于室家，为一妇人所制，不亦可羞哉！昔晋惠帝为贾后所制，废武悼杨太后于金墉，绝膳而终。囚愍怀太子于许昌，寻杀之。唐肃宗为张后所制，迁上皇于西内，以忧崩。建宁王倓以忠孝受诛。彼二君者，贵为天子，制于悍妻，上不能保其亲，下不能庇其子，况于臣民！自古及今，以悍妻而乖离六亲、败乱其

家者，可胜数哉？然则悍妻之为害大也。故凡娶妻，不可不慎择也。既娶而防之以礼，不可不在其初也。其或骄纵悍戾，训厉禁约而终不从，不可以不弃也。夫妇以义合，义绝则离之。今士大夫有出妻者，众则非之，以为无行，故士大夫难之。按礼有七出，顾所以出之，用何事耳！若妻实犯礼而出之，乃义也。昔孔氏三世出其妻，其余贤士以义出妻者众矣，奚亏于行哉？苟室有悍妻而不出，则家道何日而宁乎？

| 今译 |

/

《易经》讲："恒卦，六五，恒守其德行。占卜时如果妇人遇到了此爻则吉利，如果男人遇到了此爻则凶险。象辞说：爻辞讲妇人操守贞洁就会吉利，这是符合从夫以终其身的道理的。丈夫则因事制义，如果听从妻子的摆布，则必遭凶险。"男子生来志在四方，发号施令，大则谋国，小则为官。如果他的号令不能在家里畅行，被一个女子控制，这不是很可耻的事吗？晋惠帝受制于贾南风，废掉武悼杨太后，让她在金墉绝食而死，将愍怀太子囚禁在许昌，不久又杀死了他。唐肃宗受制于张后，把父皇迁到太极宫内，以至于玄宗忧郁而死，而建宁王李倓也因为忠孝被杀。这两个国君贵为天子，可一旦被凶悍的妻子控制，也是上不能保护自己的父亲，下不能庇护自己的儿子，更何况一般百姓呢？从古到今，因为家里有凶悍的妻子而六亲背离、家庭败坏的不可胜数。悍妻的为害太大了。所以男子娶妻，不能不慎重。娶妻之后要用礼仪对她进行训导，这一定要从新婚就开始施行。妻子骄纵悍戾，丈夫已经训导多时，却仍然不能顺从的，丈夫就不可不休掉她。夫妇之间有情义就在一起生活，没有情义就分手。现在有的士大夫休掉妻子，就会引来许多非议，以为他没有德行，所以士大夫要想休掉他的妻子也是一件很难的事。按照礼法，如果妻子违背七条妇德中的一条，就应该将她休掉。根据这七条妇德来决定是否休妻，还用费什么事呢？如果妻子确实违背了礼法，休妻就是一种义举。从前孔子的家族，三代都休过妻子，其他有才德的人按礼法休掉妻子的也有很多，但这些并没有影响他们的德行。相反，如果家里有凶悍而不讲礼的妻子，你不休掉她，家里什么时候才能获得安宁啊！

卷八　妻上

【1】太史公曰："夏之兴也以涂山①，而桀之放也以妹喜②；殷之兴也以有娀③，纣之杀也嬖④妲己；周之兴也以姜嫄⑤及大任⑥，而幽王之擒也，淫于褒姒。故《易》基乾坤，《诗》始关雎。夫妇之际，人道之大伦也。礼之用，唯婚姻为兢兢⑦。夫乐调而四时和，阴阳之变，万物之统也，可不慎欤？"为人妻者，其德有六：一曰柔顺，二曰清洁，三曰不妒，四曰俭约，五曰恭谨，六曰勤劳。夫天也，妻地也；夫日也，妻月也；夫阳也，妻阴也。天尊而处上，地卑而处下。日无盈亏，月有圆缺。阳唱而生物，阴和而成物。故妇人专以柔顺为德，不以强辩为美也。

汉曹大家作《女戒》，其首章曰："古者生女三日，卧之床下，明其卑弱，主下人也。谦让恭敬，先人后己，有善莫名，有恶莫辞，忍辱含垢，常若畏惧。"又曰："阴阳殊性，男女异行。阳以刚为德，阴以柔为用。男以强为贵，女以柔为美。故鄙谚有云：'生男如狼，犹恐其尪；生女如鼠，犹恐其虎。'然则修身莫若敬，避强莫若顺。故曰，敬顺之道，妇人之大礼也。"又曰："妇人之得意于夫主，由舅姑之爱己也。舅姑之爱己，由叔妹之誉己也。"由此言之，我臧否誉毁，一由叔妹。叔妹之心，诚不可失也。皆知叔妹之不可失，而不能和之以求亲，其蔽也哉！自非圣人，鲜能无过，虽以贤女之行、聪哲之性，其能备乎！是故室人和则谤掩，外内离则恶扬，此必然之势也。夫叔妹者，体敌而名尊，恩疏而义亲，若淑媛谦顺之人，则能依义以笃好，崇恩以结援，使徽美显章，而瑕过隐塞，舅姑矜善，而夫主嘉美，声誉曜于邑邻，休光延于父母。若夫蠢愚之人，于叔则托名以自高，于妹则因宠以骄盈。骄盈既施，何和之有？恩义既乖，何誉之臻？是以美隐而过宣，姑忿而夫愠，毁訾布于中外，耻辱集于厥身，进增父母之羞，退益君子之累，斯乃荣辱之本，而显否之基也，可不慎哉！然则求叔妹之心，固莫尚于谦顺矣。谦则德之柄，顺则妇之行；兼斯二者，足以和矣！若此，可谓能柔顺矣！妻者，齐也。一与之齐，终身不改。故忠臣不事二主，贞女不事二夫。

《易》曰："柔顺利贞，君子攸行。"又曰："用六，利永贞。"晏子曰："妻柔而正。"言妇人虽主于柔，而不可失正也。故后妃逾国，必乘安车辎軿；下堂，必从傅母保阿；进退则鸣玉环佩，内饰则结纫绸缪；野处则帷裳壅蔽，所以正心一意，自敛制也。《诗》云："自伯之东，首如飞蓬。岂无膏沐，谁适为容。"故妇人，夫不在，不为容饰，礼也。

今译

司马迁说："夏朝的兴盛，是因为有了涂山，而夏桀最终被流放，则是因为妹喜；商朝的兴起，是因为有了有娀，商纣王残暴杀戮朝臣，则是因为妲己；周代的兴起是因为有姜嫄及周大任，而周幽王最终被擒，则是因为有褒姒的荒淫。因此，《周易》以乾坤为基础，《诗经》以关雎为开始。夫妻之间的关系，是人世间最重要的伦理道德。婚姻中的礼法是要我们小心谨慎对待婚姻。音律和谐，四季就会和顺，阴阳的变化，是万物变化的根据，我们能不慎重吗？"为人妻子，其品德共有六种：一是柔顺，二是爱干净，三是不嫉妒，四是俭约，五是恭谨，六是勤劳。丈夫像天空，妻子像大地；丈夫像太阳，妻子像月亮；丈夫阳刚，妻子阴柔。天位尊而居上，地卑下而处下，太阳没有盈亏变化，月亮却有圆缺。阴阳唱和才能生成万物。所以妻子以柔顺为美德，而不以强词夺理为美。

汉代的曹大家作《女戒》，在第一章里说："古代女孩子出生，三天之后就将她放在床下，意思是说女孩子天生卑微体弱，居于人下。女孩子长大后，应该处处谦让恭敬，先人后己，做了好事不要去张扬，做了错事不要推卸责任。女人要忍受屈辱，经常表现出战战兢兢的样子来。"《女戒》又说："阴阳性质不同，男女行为上有区别。阳以刚强为德，阴以柔顺为用。男子以强健为贵，女子以柔顺为美。因此有句谚语说：'生个男孩像豺狼，还害怕他软弱不刚；生个女孩像老鼠，仍害怕她成为老虎。'修养自身莫如恭敬，躲避强暴莫若温顺。所以说，恭敬柔顺之道，是为人妻子最重要的德性。"又说："妻子受到丈夫的宠爱，是因为得到了公婆的喜爱。公婆喜欢自己，又是因为小叔小姑称赞自己。"可以看出，女子的荣辱誉毁，完全在于小叔小姑对你的评价。小叔小姑的爱，不可以失去。每个女子都知道不能失去小叔小姑的爱，但却不能温和对待他们，这难道不是大错特错吗？妻子并不是圣人，怎么能没有过错呢？即使有贤女的品行和聪慧，也难以成为没有缺点的完人。因此妻子只要得到家人的爱护，她的缺点过错就不会外传。倘若得不到家人的喜爱，她的过错就会传扬出去，这是必然的。小叔小姑对嫂子来说，本来就不好相处，但他们的名分又很尊贵；互相之间本来就没有什么恩情，但道义上必须得和睦相处。如果是贤淑、谦顺的妻子，能和小叔小姑和睦相处，使自己的美德得以远扬，错误得以遮掩，以至于公婆夸奖自己，丈夫赞扬自己，贤妇的声誉传播乡邻，进而给自己的父母带来荣耀。如果是愚蠢的妻子，在小叔子面前自高自大，在小姑面前骄横跋扈，又怎么能和他们和平相处呢？既然背恩弃义，又怎么能获取小姑小叔的赞誉呢？这时自己的美德被遮掩，过错被传播，最后公婆愤恨，丈夫恼怒，恶名传遍内外，而耻辱都集于一身，留在夫家就会增添父母的耻辱，回到娘家又会增加丈夫的忧虑。对待小叔小姑的态度是为人之妻荣辱穷通的关键，我们能不慎重对待吗？博得小叔小姑的好感，最好的办法就是谦恭温顺。谦恭是美好品德的根本，温顺是妻子应有的品行，二者兼备，就能和小叔小姑和睦相处。像这样的妻子，才能称得上柔顺。妻，就是齐的意思。妻子要对丈夫恭敬，一旦与丈夫结婚，就要终身不能改嫁。因此忠诚的大臣不能侍奉两个君主，贞节的女子不能侍奉两个丈夫。

《周易》说："妻子柔顺，有利于贞守妇道，丈夫才能远行。"又说："用六，才能永远恪守妇道。"晏婴说："妻子如果性情柔顺，作风就会正派。"说的是妻子以温柔为主，此外还要作风正派。因此皇帝的后妃要出行，必须乘坐有帷幕的车；离开殿堂的时候，要听从傅母和保姆的意见；进门出门都要佩带鸣玉，在家梳妆打扮，就要自结绸缪组纽；在野外居住要用帷幔遮蔽，为的是能够一心一意，做到自我约束。《诗经》说："自从君子远征东边，我在家里披头散发。难道是缺乏洗浴的东西吗？不是，可我又为谁打扮呢？"所以妻子在丈夫外出的时候不打扮自己，这是合乎礼法的。

简注

① 涂山：传说中禹会诸侯及娶妻之地方，这里指禹的妻子。

② 妹喜：夏桀的妃子。桀伐有施国，有施国以妹喜嫁之，貌美而无德行，桀很宠幸她，凡事言听计从，昏乱失道，终于导致夏朝灭亡。

③ 有娀：古国名。殷契母简狄，即有娀氏女。

④ 嬖：溺爱。

⑤ 姜嫄：周人始祖后稷之母，帝喾之妻。传说她在郊野践巨人足迹怀孕生稷。

⑥ 大任：同太任，商朝时期西伯侯季历之正妃，周文王姬昌之母，历史上有记载的胎教先驱。

⑦ 兢兢：小心谨慎的样子。

实践要点

这一条亦是讲妻德，前已有所述。这里强调的一点是在整个家庭构建中，女主人的德性真的关乎一个家庭，甚至一个国家的命运，因为她实际上是能够影响到整个家庭的人才培养，也会影响到能做出决策的男主人的判断。所以，我们要尊重、重视女人在家风、家教中的位置，也要从小去培养她们相应的道德和操持家庭事务的能力。

【2】卫世子共伯早死，其妻姜氏守义。父母欲夺而嫁之，誓而不许，作《柏舟》之诗以见志。

| 今译 |

卫国太子共伯去世得早，他的妻子姜氏坚守为人妻子的礼义。姜氏的父母想让她改嫁，她发誓不再嫁人，还写了一首诗《柏舟》，以此来表达自己的心志。

【3】宋共公夫人伯姬，鲁人也。寡居三十五年。至景公时，伯姬之宫夜失火，左右曰："夫人少避火。"伯姬曰："妇人之义，保傅①不具，夜不下堂。待保傅之来也。"保母至矣，傅母未至也。左右又曰："夫人少避火。"伯姬不从，遂逮于火而死。

宋共公的夫人伯姬是鲁国人，她守寡长达三十五年。到景公的时候，伯姬住的宫中夜里着火，身边侍奉她的仆人对她说："夫人您赶快出来避火。"伯姬说："妇人应该遵守礼义，保母和傅母如果不在身边，晚上就不能出来。我要等保母、傅母来。"一会儿，保母来了，但傅母还没来，身边的人又劝她说："夫人赶快出来避火吧。"伯姬不答应，于是被火烧死了。

简注

① 保傅：古代保育、教导太子等贵族子弟及未成年帝王、诸侯的男女官员，统称为保傅。

【4】楚昭夫人贞姜，齐女也。王出游，留夫人渐台之上而去。王闻江水大至，使使者迎夫人，忘持其符。使者至，请夫人出。夫人曰："王与宫人约令，召宫人必持符。今使者不持符，妾不敢从。"使曰："今水方大至，还而取符，则恐后矣！"夫人不从。于是使者反取符，未还，则水大至，台崩，夫人流而死。

楚昭王的夫人贞姜，是齐国的女子。一次，楚昭王出游，将贞姜夫人留在了渐台上。走在半路，楚昭王突然听说江水暴涨，就立即派使者去渐台上接夫人。可是使者在匆忙之中忘了拿符令。使者赶到渐台，请夫人赶快走。夫人说："大王与宫中的人有约令，召宫人一定要有大王的符令。现在使者拿不出符令，我不敢离开。"使者说："可眼下洪水马上就要到来，等我回去取符令，恐怕就迟了！"夫人仍然不走。于是，使者只好返回去取符令，他还没有返回，洪水就来了，渐台被冲塌，贞姜夫人被洪水淹没而死。

| 实践要点 |

女子守义确实重要，伯姬和贞姜，将生死看得很淡，把礼节看得很重。然而，她们都不知道一个"权"字，变成了僵化、固守礼仪，徒有一个空空的形式，一个被火烧死，一个被水淹死。

【5】蔡人妻，宋人之女也。既嫁，而夫有恶疾，其母将再嫁之。女曰："夫人之不幸也，奈何去之？适人之道，一与之醮①，终身不改，不幸遇恶疾，彼无大故，又不遣妾，何以得去？"终不听。

有一个蔡人娶了宋人的女儿作妻子。宋女出嫁不久，丈夫便患了重病，她的母亲想让她改嫁。宋女说："丈夫遭遇了不幸，我怎能离开他？嫁给他人就要坚守道义，一旦与他结婚，就得厮守终身，不再改嫁。丈夫虽然不幸得了重病，但他并没有大的过错，而且他又没有赶我走，我为什么要离开他呢？"她最终没有听从母亲的话。

| 简注 |

① 醮：古代婚娶时用酒祭神的礼。

【6】梁寡妇高行，荣于色而美于行。早寡不嫁，梁贵人多争欲娶之者，不能得。梁王闻之，使相聘焉。高行曰："妾夫不幸早死，妾守养其幼孤，贵人多求妾者，幸而得免。今王又重之。妾闻妇人之义，一往而不改，以全贞信之节。今慕贵而忘贱，弃义而从利，无以为人。"乃援镜持刀以割其鼻，曰："妾已刑矣，所以不死者，不忍幼弱之重孤也。王之求妾，以其色也，今刑余之人，殆可释矣！"于是相以报王。王大其义而高其行，乃复其身，尊其号曰"高行"。

梁国有一个寡妇叫高行，她容貌漂亮，声名很好，但是很年轻就守寡，没有改嫁。梁国的达官显贵都争着想娶她为妻，但都没有成功。梁王听说后，便派丞相去礼聘。高行说："我的夫君不幸早死，我抚育他的孩子，有许多达官显贵来提亲，我都拒绝了。现在大王又来礼聘。我听说妇人应该遵守的礼义是从一而终，以成全贞洁和守信的节操。如果我现在羡慕富贵，忘记贫贱之先夫，丢弃信义而去追逐利益，那我还有什么资格做人呢？"于是她照着镜子，用刀割下了自己的鼻子，然后说："我的容貌已经毁了，我之所以没有去死，是因为丢不下幼弱的孩子。大王想要得到我，无非是为了我的美色，现在我已经是个毁了容的人了，请大王放过我吧！"丞相将这一情况报告给梁王，梁王嘉奖她的品行德义，免除她的徭役，并赐给她一个封号叫"高行"。

【7】汉陈孝妇，年十六而嫁，未有子。其夫当行戍，夫且行时，属孝妇曰："我生死未可知，幸有老母，无他兄弟备养，吾不还，汝肯养吾母乎？"妇应曰："诺。"夫果死不还。妇乃养姑不衰，慈爱愈固，纺绩织纴以为家业，终无嫁意。居丧三年，父母哀其年少无子而早寡也，将取而嫁之。孝妇曰："夫行时属妾以其老母，妾既许诺之，夫养人老母而不能卒，许人以诺而不能信，将何以

立于世?"欲自杀。其父母惧而不敢嫁也，遂使养其姑二十八年。姑八十余，以天年终，尽卖其田宅财物以葬之，终奉祭祀。淮阳太守以闻，孝文皇帝使使者赐黄金四十斤，复之终身无所与，号曰"孝妇"。

| 今译 |

/

汉代陈孝妇，年仅十六岁就出嫁了，没有孩子。她的丈夫要去戍守边疆，临走的时候，嘱咐她说："我这一走，生死未卜，家里还有老母亲，又没有其他弟兄能够赡养她，如果我回不来，你愿意赡养我的母亲吗?"孝妇回答说："愿意。"丈夫后来死在战场上没有回来。孝妇就赡养婆婆，婆媳两个人相依为命，互相疼爱，孝妇靠纺纱织布来维持生活，始终没有改嫁的想法。她为丈夫居丧三年后，父母可怜她年轻守寡又没有孩子，就想让她改嫁。她说："丈夫走的时候把他的老母托付给我，我既然许下诺言就应该守信用，赡养丈夫的老母不能坚持到最后，许诺于人却不能守信用，我还怎么能活在世界上呢?"她想用自杀的方法来反抗父母，她的父母害怕她寻死就不敢强迫她改嫁，让她继续赡养她婆婆。二十八年后，婆婆八十多岁，寿终正寝。孝妇将房屋、田地等家产全部卖掉来安葬婆婆，并为她守丧、祭祀。淮阳太守将她的事迹禀报给皇帝，孝文皇帝派遣使者赐给她四十斤黄金，免除她终身的赋役，并尊称她为"孝妇"。

【8】吴许升妻吕荣，郡遭寇贼，荣逾垣走。贼持刀追之。贼曰："从我则生，不从我则死。"荣曰："义不以身受辱寇虏也。"遂杀之。是日疾风暴雨，雷电晦冥，贼惶恐，叩头谢罪，乃殡葬之。

吴郡许升的妻子吕荣，为躲避贼寇追赶，跳墙而逃。贼寇持刀追她。贼寇大喊："跟我们走你就可以活命，不跟我们走就杀死你。"吕荣回答说："我决不受辱于贼寇！"于是自杀而死。这天疾风暴雨，电闪雷鸣，贼寇为自己做了伤天害理的事而感到恐惧，便叩头谢罪，并安葬了吕荣。

【9】沛刘长卿妻，五更桓荣之孙也。生男五岁而长卿卒。妻防远嫌疑，不肯归宁。儿年十五，晚又夭殁。妻虑不免，乃豫刑其耳以自誓。宗妇相与愍之，共谓曰："若家殊无他意，假令有之，犹可因姑姊妹以表其诚，何贵义轻身之甚哉！"对曰："昔我先君五更，学为儒宗，尊为帝师。五更以来，历代不替。男以忠孝显，女以贞

顺称。《诗》云：'无忝尔祖，聿修厥德。'是以豫自刑剪，以明我情。"沛相王吉上奏高行，显其门闾，号曰"行义桓嫠"。县邑有祀必膰焉。

沛国刘长卿的妻子是五更桓荣的孙女。他们结婚后生了一个男孩，但孩子五岁时刘长卿就死了。妻子怕娘家让她改嫁，便不回娘家。她的儿子长到十五岁的时候，又不幸夭折了。刘妻认为娘家早晚要让她改嫁，于是先割掉自己的耳朵，发誓不嫁。同宗族的女人们很怜悯她，对她说："其实你娘家并没有让你改嫁的意思，即便有，我们还可以替你说情，表明你的心意，你为什么贵义轻身到如此的地步呢？"她回答说："从前我的祖父五更桓荣，学问上乘，被尊为帝师。在他之后，历代不衰。男人以忠诚和孝顺求得显达，而女人以贞洁和温顺赢得好名声。《诗经》说：'不要辱没你的祖先，应当修养你的德行。'因此我自己毁容，向世人表明我的心志。"沛相王吉向皇上奏明她的高行义举，对她进行表彰，并称她为"行义桓嫠"。她去世之后，县里只要有祭祀活动，就肯定要祭拜她。

| 实践要点 |

汉代时对婚姻持较开放的态度，女子在丈夫去世后，三年丧期满后是可以改

嫁的。前面几条都是对这一问题的讨论。这些女子均是对丈夫感情非常深厚，从一而终，不愿改嫁。有两例自残身体，表明心志。高行割鼻，是因为她要拒绝梁王对她的爱慕，又要照顾自己年幼的孩子而不得已做出的举动。然而，刘长卿的妻子，自残是要预防自己娘家让她改嫁。这就有点不可理喻。首先，家人想让她改嫁，也是为了她后半生能有一个更好的依靠，生活得好；其次，即使家人真的要让她改嫁，正如她的娘家姐妹们所说的，尚有可争取的余地。身体发肤受之父母，这种行为实在过于偏激，不能提倡。

【10】度辽将军皇甫规卒时，妻年犹盛而容色美。后董卓为相国，闻其名，聘以辎辒百乘，马四十匹，奴婢钱帛充路。妻乃轻服诣卓门，跪自陈请，辞甚酸怆。卓使傅奴侍者，悉拔刀围之，而谓曰："孤之威教，欲令四海风靡，何有不行于一妇人乎？"妻知不免，乃立骂卓曰："君羌胡之种，毒害天下犹未足邪！妾之先人，清德奕世。皇甫氏文武上才，为汉忠臣，君亲非其趣使走吏乎！敢欲行非礼于尔君夫人耶？"卓乃引车庭中，以其头悬轭，鞭扑交下。妻谓持杖者曰："何不重乎？速尽为惠！"遂死车下。后人图画，号曰"礼宗"云。

度辽将军皇甫规去世的时候，他的妻子还正值盛年，姿色犹存。后来，董卓当了相国，听说她很美丽，就以百辆豪华的车子、四十匹马和许多奴婢钱帛作为聘礼，想要娶她。皇甫规的妻子得知后，就亲自到董卓的门上，跪地陈说自己不愿再嫁，言辞诚恳动人。董卓命令手下手执利刃将她围住，并对她说："以我的威势，能让天下的人都听我的号令，我怎么能容忍一个妇人不听话呢！"皇甫的妻子心知不能免祸，便干脆站起来大骂董卓："你本来就是个羌人和胡人交配的野种，你祸害天下还没有够啊！我的先人，清明廉正，代代相传。我的先夫皇甫规文武全才，是汉室的忠臣，你那时只不过是他驱使的一个小小走卒！你敢对上官的夫人如此无礼吗？"董卓命人把一辆车拉进庭院中，将她的头套进轭里，然后鞭打她。皇甫妻对那些打她的人说："为什么不打得重一点呢？我只愿快点死。"她最终被打死在车下。后人为她画像，称她为"礼宗"。

【11】魏大将军曹爽从弟文叔妻，谯郡夏侯文宁之女，名令女。文叔早死，服阕，自以年少无子，恐家必嫁己，乃断发以为信。其后家果欲嫁之。令女闻，即复以刀截两耳。居止尝依爽。及爽被诛，曹氏尽死，令女叔父上书，与曹氏绝婚，强迎令女归。时文宁为梁相，怜其少执义，又曹氏无遗类，冀其意沮，乃微使人讽之。

令女叹且泣曰："吾亦悔之，许之是也。"家以为信，防之少懈。令女于是窃入寝室，以刀断鼻，蒙被而卧。其母呼与语，不应。发被视之，流血满床席。举家惊惶，奔往视之，莫不酸鼻。或谓之曰："人生世间，如轻尘栖弱草耳，何至辛苦乃尔！且夫家夷灭已尽，守此欲谁为哉？"令女曰："闻仁者不以盛衰改节，义者不以存亡易心。曹氏前盛之时，尚欲保终，况今衰亡，何忍弃之？禽兽之行，吾岂为乎？"司马宣王闻而嘉之，听使乞子，养为曹氏后。

今译

　　魏大将军曹爽堂弟文叔的妻子，是谯郡夏侯文宁的女儿，她的名字叫令女。文叔很早就去世了，令女服丧期满后，认为自己年轻而且没有孩子，娘家肯定要让她改嫁，于是她剪断自己的头发，以示自己不再改嫁。后来，娘家果然想让她再嫁。令女听说后，又用刀子割下了自己的两个耳朵，并住在曹爽家里。等到曹爽被杀，曹氏家族被灭族，令女的叔父上书朝廷，声明他家与曹家断绝婚姻关系，而且硬将令女接回娘家。此时令女的父亲文宁担任梁相，可怜女儿还年轻，却固执于妇道，而且曹家已经没有后人了，因此他希望女儿能改变初衷，于是他派人去劝说女儿。令女假装叹气，哭着说："我也很后悔，我答应便是了。"家人信以为真，便不再防范她。于是，令女偷偷进入寝室，用刀子割断了自己的鼻子，然后用被子蒙住头睡在床上。她母亲叫她，与她说话，她都不答应。揭开被子一看，血流满床。全家人都很惊慌，跑去看她，都为她掉泪。有人对她说："人活在世上，就好像一点灰尘落在了小草上，为何要这么辛苦呢？况且你丈夫家已经被灭族，你这样做又是为了谁呢？"令女回答说："我听说仁德的人不因为盛衰穷富而改变自己的节操；有义气的人不会因为存亡而变心。曹家在兴盛的时候，我还想保持名节，何况他家现在已经衰亡，我又怎么忍心背弃他们呢？像禽兽一样无情无义的事，我怎么能够做出来呢？"司马宣王听说了这件事，便赞扬她的德行，让她领养一个孩子来抚养，作为曹氏的后代。

【12】后魏钜鹿魏溥妻房氏者，慕容垂贵乡太守常山房湛女也。幼有烈操，年十六，而溥遇疾且卒，顾谓之曰："死不足恨，但痛母老家贫，赤子蒙眇，抱怨于黄垆耳。"房垂泣而对曰："幸承先人余训，出事君子，义在偕老。有志不从，盖其命也。今夫人在堂，弱子襁褓，顾当以身少相卫，永释长往之恨。"俄而溥卒。及将大敛，房氏操刀割左耳，投之棺中，仍曰："鬼神有知，相期泉壤。"流血滂然，丧者哀惧。姑刘氏辍哭而谓曰："新妇何至于此？"对曰："新妇少年，不幸早寡，实虑父

母未量至情，觊持此自誓耳。"闻知者莫不感怆。时子缉生未十旬，鞠育于后房之内，未曾出门。遂终身不听丝竹，不预坐席。缉年十二，房父母仍存，于是归宁。父兄尚有异议，缉窃闻之，以启其母。房命驾，绐云他行，因而遂归，其家弗知之也。行数十里方觉，兄弟来追，房哀叹而不反。其执意如此。

后魏钜鹿人魏溥的妻子房氏，是慕容垂贵乡太守常山房湛的女儿。房氏自幼就颇有操守。她十六岁的时候，丈夫魏溥得病将死。临死的时候，丈夫对她说："我死倒无所谓，只是我母亲已上年纪，家里贫穷，孩子又小，这些让我死不瞑目啊！"房氏哭着对他说："我接受父母的教诲，有幸嫁给你，本来打算与你白头到老。现在不能实现这个愿望，这可能也是天意。现在上有高堂老母，下有襁褓幼子，只有我年轻力壮，我自当照料他们，请你放心好了。"夫妻俩说完这些话，魏溥就死了。入殓的时候，房氏用刀子将自己的左耳朵割下来，扔进棺材里，并说："如果鬼神有知的话，请你在地下等我。"她血流不止，参加丧礼的人看了这一幕，既可怜她，又感到惊惧。婆婆刘氏哭着说："媳妇你为什么要这样做呢？"房氏回答说："我年纪还小，不幸早寡，我担心我的父母亲不考虑我们的夫妻感

334

情，令我改嫁，所以我割耳发誓，不再改嫁。"听到这话的人无不感叹悲怆。当时，他们的孩子缉出生还不到一百天，房氏在家里抚养孩子，从不出门。她终身不听音乐，不和外边的人同坐。缉十二岁的时候，房氏的父母仍然健在，于是她回家去看望父母。此时她的父亲和哥哥还有让她改嫁的意思，缉偷偷地听见了这些议论，便告诉了她的母亲。于是，房氏让人备车，谎称要到其他的地方，但是却踏上了回夫家的路，而她娘家还不知道。走了数十里，娘家方才发觉，她的兄弟们追上来，房氏只是哀叹，却不再回娘家去。她严守贞洁，竟是这般固执。

【13】荥阳张洪祁妻刘氏者，年十七夫亡。遗腹生一子，二岁又没。其舅姑年老，朝夕养奉，率礼无违。兄矜其少寡，欲夺嫁之。刘自誓不许，以终其身。

| 今译 |

荥阳张洪祁的妻子刘氏，十七岁的时候丈夫就死了。留有遗腹子，但两岁又夭折了。她的公婆年纪很大，她就朝夕侍奉，一切按照礼法行事，从不违忤公婆。哥哥可怜她年轻守寡，想让她改嫁。可她发誓不再嫁人，以此而终老其身。

【14】陈留董景起妻张氏者，景起早亡，张时年十六，痛夫少丧，哀伤过礼，蔬食长斋。又无儿息，独守贞操，期以阖棺。乡曲高之，终见标异。

陈留董景起的妻子张氏，丈夫去世的时候，张氏才十六岁。她哀痛丈夫早死，悲伤过度，只能长时间吃素食。她又没有儿子，自己独守贞操，等着死的那一天。乡里的人都称赞她，她最终成全了自己的好名声。

【15】隋大理卿郑善果母崔氏，周末，善果父诚讨尉迟迥，力战死于阵。母年二十而寡，父彦睦欲夺其志。母抱善果曰："妇人无再适男子之义。且郑君虽死，幸有此儿。弃儿为不慈，背夫为无礼，宁当割耳剪发，以明素心。违礼灭慈，非敢闻命。"遂不嫁，教养善果，至于成名。自初寡，便不御脂粉，常服大练，性又节俭，非祭祀宾客之事，酒肉不妄陈其前。静室端居，未尝辄出门间。内外姻戚有吉凶事，但厚加赠遗，皆不请其家。

隋朝大理卿郑善果的母亲崔氏，北周末年，善果的父亲郑诚征讨尉迟迥战死。他的母亲崔氏年仅二十岁就守了寡，父亲彦睦想让女儿改嫁，崔氏怀抱善果说："妇人没有嫁两次的道理，况且我丈夫虽然死了，但我还有这个孩子，丢弃儿子不慈爱，背叛丈夫则不讲礼义，我本来应当割耳剪发，以表明我誓死不再改嫁的决心。违背礼义，灭绝慈爱，这些事我做不到。"于是她不再改嫁，一心教育抚养儿子善果，终于使他长大扬名。自从守寡，她就不抹脂粉，常穿粗布衣服，她性情又节俭，如果不是祭祀和招待宾客，吃饭从不摆放酒肉。她每天在家静静地坐着，从没有出过门。娘家婆家的亲戚有红白喜事，她都多馈赠礼物，但从不亲自登门。

【16】韩觊妻于氏，父实，周大左辅。于氏年十四适于觊，虽生长膏腴，家门鼎贵，而动遵礼度，躬自俭约，宗党敬之。年十八，觊从军没，于氏哀毁骨立，恸感动路。每朝夕奠祭，皆手自捧持。及免丧，其父以其幼少无子，欲嫁之，誓不许。遂以夫孽子世隆为嗣，身自抚育，爱同己生，训导有方，卒能成立。自孀居以后，唯时或归宁。至于亲族之家，绝不往来。有尊亲就省谒者，送迎皆不出户庭。蔬食布衣，不听声乐，以此终身。隋文帝闻而嘉叹，下诏褒美，表其门闾，长安中号为"节妇闾"。

韩觊的妻子于氏，她的父亲于实是北周大左辅。于氏十四岁的时候就嫁给了韩觊，她虽然生长在富贵人家，但却知礼识节，懂得约束自己的行为，宗族和乡里的人都很敬重她。她十八岁的时候，韩觊当兵而死，于氏悲伤过度，骨瘦如柴，她的哀痛足以让路人感动。朝夕祭奠丈夫的时候，她都是用手亲自捧着供品。服丧期满后，她父亲可怜她年轻没有孩子，想让她改嫁，但她坚决不答应。她将丈夫的庶子世隆当作自己的孩子来抚养，慈爱他如同自己亲生的一样，而且教育有方，最终把这个孩子培养成人。自从守寡之后，每逢过节，她才回娘家看看父母，至于其他亲戚，她一概不与他们往来。有长辈和亲戚来看望她，她迎客送客从来都不出大门。平时吃粗茶淡饭，穿粗布衣服，从不听声乐，一直到死。隋文帝听说后，对她非常赞叹，并下诏褒奖她，旌表在长安城中她所居住的里巷为"节妇闾"。

【17】周虢州司户王凝妻李氏，家青齐之间。凝卒于官，家素贫，一子尚幼。李氏携其子，负其遗骸以归。东过开封，止旅舍，主人见其妇人独携一子而疑之，不许其宿。李氏顾天已暮，不肯去。主人牵其臂而出之。李氏仰天恸曰："我为妇人，不能守节，而此手为人执耶！不可以一手并污吾身。"即引斧自断其臂。路人见者，

环聚而嗟之，或为之泣下。开封尹闻之，白其事于朝官，为赐药封疮，恤李氏而笞其主人。若此，可谓能清洁矣。

后周虢州司户王凝的妻子李氏，家住在青齐一带。王凝在官署去世，家里很贫穷，有一个很小的孩子。李氏带着孩子，去收拾丈夫的遗骨回家。往东走路过开封的时候，她想找一个旅馆住下。店主人看见她独自一人领着一个孩子，有些怀疑她，不让她住宿。李氏看天已经黑了，就不肯离去。店主人抓住她的手臂将她拉了出去。李氏仰天痛哭道："我作为妇人，却不能保守节操，竟然让这只手被别人抓过了，我不能再让这只手来玷污我的全身。"于是她用斧子砍断了自己的手臂。过路的人都围过来看，而且为之叹息，有的还流下了泪。开封府尹听说了这件事，便禀报了朝廷，并给李氏送来了药，为她包扎伤口，安抚李氏，鞭打旅馆主人。像她这样，可以说是能够保持清白和贞洁了。

| 实践要点 |

这种为了所谓的清名、名节，而残害自己的身体的做法，真的是贻害传统的中国妇女。若是大义，自当赴死，像这种被店家碰了手臂，就要砍掉自己的臂膀的行为，太过极端，况且还有幼儿在旁，不足取也。

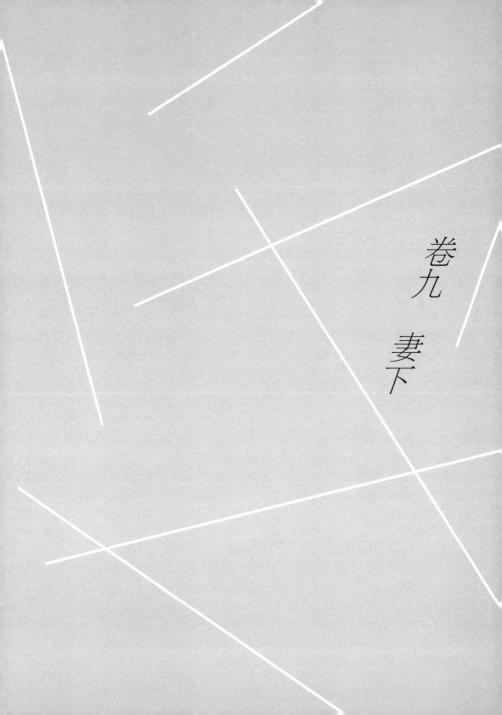

卷九　妻下

【1】《礼》，自天子至于命士，媵妾皆有数，惟庶人无之，谓之匹夫匹妇。是故《关雎》美后妃，乐得淑女以配君子，慕窈窕，思贤才，而无伤淫之心。至于《樛木》《螽斯》《桃夭》《芣苢》《小星》，皆美其无妒忌之行。文母十子，众妾百斯男，此周之所以兴也。诗人美之。然则妇人之美，无如不妒矣。

| 今译 |

在《礼记》里，从天子到有官位和爵位的人，纳妾的多少都是有规定的，惟独平民百姓没有规定，称为匹夫匹妇。所以《诗经·关雎》里面赞美后妃之德，歌颂淑女许配有德君子，整篇诗篇讲的是爱慕窈窕女子，思念有才德的男子，一点没有淫荡的意思。至于《樛木》《螽斯》《桃夭》《芣苢》《小星》等篇，都是赞美有德女子没有嫉妒的行为。周文王的母亲生了十个儿子，而众妾所生的儿子大概有上百人之多，这正是周所以兴旺发达的原因，所以诗人赞美这件事。这样说来，妇人最大的美德就是不嫉妒。

【2】晋赵衰从晋文公在狄，取狄女叔隗，生盾。文公返国，以女赵姬妻衰，生原同、屏括、楼婴。赵姬请逆盾与其母。衰辞而不敢。姬曰："不可。得宠而忘旧，不义；好新而慢故，无恩；与人勤于隘阨，富贵而不顾，无礼。弃此三者，何以使人？必逆叔隗！"及盾来，姬以盾为才，固请于公，以为嫡子，而使其三子下之；以叔隗为内子，而己下之。

晋国的赵衰跟随晋文公逃亡到狄国，娶了狄国的女子叔隗为妻，生了赵盾。晋文公返回晋国后，就把自己的女儿赵姬嫁给了赵衰，并生了原同、屏括和楼婴。赵姬让赵衰把赵盾和他的母亲迎接到晋国来。赵衰没敢答应。赵姬说："不把他们接回来是错误的。得新宠而忘旧人，不是仁义的行为；喜新而厌旧，没有恩情；与人共度艰难岁月，自己富贵之后就不去理她，不合礼法。忘记这三点，你还怎么去说服别人呢？所以你一定要将叔隗接过来。"等到赵盾来了，赵姬认为赵盾很有才华，就坚决要求赵衰将赵盾立为嫡子，而将自己的三个儿子排在赵盾的后面，并以叔隗为赵衰的正妻，自己排在她的后边。

【3】楚庄王夫人樊姬曰："妾幸得备扫除，十有一年矣，未尝不捐衣食，遣人之郑卫求美人而进之于王也。妾所进者九人，今贤于妾者二人，与妾同列者七人。妾知妨妾之爱、夺妾之贵也。妾岂不欲擅王之爱、夺王之宠哉？不敢以私蔽公也！"

| 今译 |

楚庄王夫人樊姬说："我有幸侍奉大王，已经十一年了，这期间我经常花费钱财派人到郑国和卫国搜求美人，进献给大王。我所进献的九人中，比我贤惠的有两个人，与我不相上下的有七人。我也知道这样做会夺走大王对我的宠爱和地位。我难道不想让大王只宠爱我一个人吗？我只不过是不敢以私废公罢了。"

【4】宋女宗者，鲍苏之妻也。既入，养姑甚谨。鲍苏去而仕于卫，三年而娶外妻焉。女宗之养姑愈谨，因往来者请问鲍苏不辍，赂遗外妻甚厚。女宗之姒谓女宗曰："可以去矣。"女宗曰："何故？"姒曰："夫人既有所好，子何留乎？"女宗曰："妇人之所宝，岂以专夫室之

爱为善哉？若抗夫室之好，苟以自荣，则吾未知其善也。夫《礼》，天子妻妾十二，诸侯九，大夫三，士二。今吾夫固士也，其有二，不亦宜乎！且妇人有七去，七去之道，妒正为首。姒不教吾以居室之礼，而反使吾为见弃之行，将安用此？"遂不听，事姑愈谨。宋公闻而美之，表其闾，号曰"女宗"。

今译

宋国的女宗是鲍苏的妻子。结婚后，女宗侍奉婆婆非常谦恭谨慎。后来，鲍苏离开家到卫国去做官，三年之后他又在卫国娶了妻子。女宗得知后，不但没有嫉妒，反而更加小心地赡养婆婆，只要有顺路去卫国的人，女宗就委托他向鲍苏问好，而且还给鲍苏在卫国的妻子带去非常丰厚的礼物。鲍苏的一个妾对女宗说："你应该离开鲍家了。"女宗问："为什么呢？"妾说："夫君既然另有新欢，你还留下干什么呢？"女宗说："对于一个妇人来说，她所最宝贵的难道就是独自拥有丈夫的爱吗？如果只知道独霸丈夫，反对丈夫另添房室，从而求取自己的荣耀，我没有看出这里面有什么高尚的事情。《礼记》规定，天子可以有十二个妻妾，诸侯可以有九个，大夫可以有三个，士两个。我的丈夫本来就是士，他有两个妻子，不也是应该的吗？而且，妇人有七种被休掉的情况，在这七种被休掉的过错中，嫉妒丈夫的正妻是最大的过错。你不教给我为人所应遵守的礼仪，反让我做那些有可能被丈夫休掉的事情。我怎么能听你的话呢？"于是她不听这些，对待婆婆更加谨慎小心。宋公听到这件事后，夸赞她的品行，旌表其门第，尊称她为"女宗"。

【5】汉明德马皇后，伏波将军援之女也。年十三选入太子宫，接待同列，先人后己，由此见宠。及帝即位，常以皇嗣未广，每怀忧叹，荐达左右，若恐不及。后宫有进见者，每加慰纳。若数所宠引，辄增隆遇，未几立为皇后。是知妇人不妒，则益为君子所贤。欲专宠自私，则愈疏矣！由其识虑有远近故也。

| 今译 |

汉代明德马皇后是伏波将军马援的女儿，她十三岁的时候就被选入太子宫，对待其他嫔妃，总是能够先人后己，因此得到了太子的宠爱。太子即位后，她常常为皇家子弟不多而发愁，于是她为皇帝引荐嫔妃，惟恐皇帝不喜欢她们。如果后宫嫔妃有要求主动觐见皇上的，她都为之引见。如果有谁被皇帝数次宠幸，她的恩遇就会增加很多。正因为这样，她不久就被立为皇后。由此知道如果女人没有妒忌心，就更能博得君子的好感。相反，越想独霸男人，越是容易被疏远。这跟她们有没有见识关系很大。

【6】后唐太祖正室刘氏，代北人也。其次妃曹氏，太原人也。太祖封晋王，刘氏封秦国夫人，无子，性贤，不妒忌，常为太祖言："曹氏相，当生贵子，宜善待之。"而曹氏亦自谦退，因相得甚欢。曹氏封晋国夫人，后生子，是谓庄宗。太祖奇之。及庄宗即位，册尊曹氏为皇太后，而以嫡母刘氏为皇太妃。太妃往谢太后，太后有惭色。太妃曰："愿吾儿享国无穷，使吾曹获没于地，以从先君，幸矣！他复何言？"庄宗灭梁入洛，使人迎太后归洛，居长寿宫。太妃恋陵庙，独留晋阳。太妃与太后甚相爱，其送太后往洛，涕泣而别，归而相思慕，遂成疾。太后闻之，欲驰至晋阳视疾；及其卒也，又欲自往葬之。庄宗泣谏，群臣交章请留，乃止。而太后自太妃卒，悲哀不饮食，逾月亦崩。庄宗以妾母加于嫡母，刘后犹不愠，况以妾事女君如礼者乎！若此，可谓能不妒矣。

| 今译 |

　　后唐太祖的正室刘氏，是代北人。太祖的次妃曹氏是太原人。太祖受封为晋王的时候，刘氏被封为秦国夫人，她虽然没有生孩子，但很贤惠，不嫉妒，而且经常对太祖说："我给曹氏相面，她一定会生下贵子的，你应该善待她。"然而，

曹氏也常常谦让退避，所以她们俩相处得非常好。曹氏被封为晋国夫人，后来生了儿子，就是庄宗。太祖想起先前刘氏所说的话，感到这件事很神奇。等到庄宗即位的时候，册封曹氏为皇太后，而封嫡母刘氏为皇太妃。太妃去向太后道谢，太后觉得很惭愧。太妃说："愿我们的孩子永保江山，能够让我们平安老死，然后在地下与先君相会，这才是最大的幸运，我们还有什么可说的呢？"后来庄宗灭了梁，进入洛阳，便派人迎接太后回洛阳，居住在长寿官。太妃由于留恋皇陵宗庙，独自留在了晋阳。太妃和太后感情非常好，太妃送太后去洛阳的时候，挥泪而别。回去后仍思念太后，竟郁闷成疾。太后得知后，很想亲自到晋阳去看她；太妃去世，太后又想亲自去安葬太妃。因为庄宗劝谏，大臣们一再挽留，太后才作罢。然而，自从太妃去世，太后也因悲痛不能吃饭，只过了一个多月，也随之去世了。庄宗将妾母排在嫡母的前面，刘后仍然不恼怒，何况妾侍奉正妻本来就是合乎礼法的呢！像刘氏这样的，可以称得上没有嫉妒之心。

【7】《葛覃》美后妃恭俭节用，服浣濯之衣。然则妇人固以俭约为美，不以侈丽为美也。

| 今译 |

《葛覃》赞扬后妃勤俭节约，说她们穿着已经洗过几次的衣服。妇人应该把勤俭节约作为美德，而不能以奢侈华丽为美。

【8】汉明德马皇后，常衣大练，裙不加缘。朔望，诸姬主朝请，望见后袍衣疏粗，反以为绮，就视乃笑。后辞曰："此缯特宜染色，故用之耳。"六宫莫不叹息。性不喜出入游观，未尝临御窗牖，又不好音乐。上时幸苑囿离宫，希尝从行。彼天子之后犹如是，况臣民之妻乎？

| 今译 |

东汉明德马皇后经常穿着粗帛衣服，裙子也不加边饰。每月初一和十五，举行朝谒之礼，有一次妃嫔们看见马皇后的衣服粗疏，还以为是上等的丝织品，走到跟前一看，她们不禁相视而笑。马皇后遮掩说："这种缯特别容易染色，所以我才穿它。"妃嫔们看见她如此朴素，无不感叹。马皇后不喜欢外出游玩观光，从来不到窗前观望外面，也不喜好音乐。皇上经常巡幸行宫苑囿，皇后很少随行。她身为皇后，还如此俭朴节约，何况一般平民百姓的妻子呢？

【9】汉鲍宣妻桓氏，归侍御服饰，着短布裳，挽鹿车。梁鸿妻屏绮缟，著布衣、麻履，操缉绩之具。

汉代鲍宣的妻子桓氏，将侍御妇人的服饰放起来，改穿布衣短服，亲自拉小车干活。梁鸿的妻子把丝绸衣服藏起来，穿布衣麻鞋，亲自纺纱织布。

【10】唐岐阳公主适殿中少监杜悰，谋曰："上所赐奴婢，卒不肯穷屈。"奏请纳之。上嘉叹，许可。因锡其直，悉自市寒贱可制指者。自是闭门，落然不闻人声。悰为澧州刺史，主后悰行。郡县闻主且至，杀牛羊犬马，数百人供具。主至，从者不过二十人、六七婢，乘驴阘茸，约所至不得肉食。驿吏立门外，异饭食以返。不数日间，闻于京师，众哗说，以为异事。悰在澧州三年，主自始入后三年间，不识刺史厅屏。彼天子之女犹如是，况寒族乎？若此，可谓能节俭矣。

唐代岐阳公主嫁给殿中少监杜悰为妻，公主和丈夫商量说："皇上赐给我们的奴婢，最终还是过不惯贫穷的生活。"于是他们奏请皇上不要奴婢。皇上大为赞叹，同意了公主的意见，赏赐给她一些银钱，公主用这些银钱买了些出身卑贱又容易差使的人做佣人。从此以后公主闭门不出，家里和和睦睦，安安静静。杜悰担任澧州刺史，公主跟随前往。郡、县官吏听说公主要来，杀牛、羊、狗、马，有数百人忙碌，准备招待公主。但公主到后，随从的人不过二十个，奴婢只有六七人，乘坐的驴子很瘦弱，公主还规定所到地方不得摆设酒宴肉食。驿站官吏站在门外，抬来一些简单的饭菜就回去了。没过几天，她的事迹传到京城，人们议论纷纷，都把这件事当作一件少有的奇事来传扬。杜悰在澧州任职三年，公主在这三年间从未到过他的官府，始终没见过刺史衙门里边是什么样子。她是皇帝的女儿尚且能如此俭朴简约，何况一般老百姓呢？像这样的妻子，可以算得上节俭了。

【11】古之贤妇未有不恭其夫者也，曹大家《女戒》曰："得意一人，是谓永毕；失意一人，是谓永讫。"由斯言之，夫不可不求其心。然所求者，亦非谓佞媚苟亲也。固莫若专心正色，礼义贞洁耳。耳无途听，目无邪视，出无冶容，入无废饰，无聚群辈，无看视门户，此则谓专心正色矣。若夫动静轻脱，视听陕输，入则乱发坏形，出则窈窕作态，说所不当道，观所不当视，此谓不能专心正色矣。是以冀缺之妻儆其夫，相待如宾；梁鸿之妻馈其夫，举案齐眉。若此，可谓能恭谨矣。

古代的贤妇对待丈夫无不恭恭敬敬，曹大家的《女戒》说："得到丈夫的喜爱，妻子就可以终生有依靠；失去丈夫的喜爱，妻子就一切都完了。"由此可见，为人妻子一定要得到丈夫的真心疼爱。然而要想得到丈夫的欢心，并不是去谄媚奉承，而是要专心正色，坚守礼义贞洁。不道听途说，目不邪视，外出打扮不妖艳，在家不懒于妆饰，不三五成群聚会闲聊，不到门口张望，能做到这些，就称得上是专心正色了。如果是举止轻佻、视听不定，在家披头散发，出门卖弄风骚，说不该说的话，看不该看的事，这就是不能专心正色了。所以冀缺的妻子到田间给丈夫送饭，能够相敬如宾；梁鸿的妻子给丈夫端上饭菜，能够举案齐眉。像这样的妻子，就算得上恭敬谨慎了。

【12】《易》："家人，六二，无攸遂，在中馈。"《诗·葛覃》美后妃，在父母家，志在女功，为絺绤①，服劳辱②之事。《采蘋》《采蘩》，美夫人能奉祭祀。彼后夫人犹如是，况臣民之妻，可以端居终日，自安逸乎？

| 今译 |

《周易》说："家人卦，所要表现的是妻子在家虽没有专断的权力，但是要管

理好家务。"《诗经·葛覃》赞扬后妃，说她们在父母家里做女工，纺纱织布，还参加体力劳动。《采苹》《采蘩》称赞夫人能进行祭祀活动。那些后妃、夫人尚且能如此勤劳，何况一般百姓的妻子呢？难道可以端坐终日、享受安逸吗？

| 简注 |

① 绤绤：葛布的统称。葛之细者曰绤，粗者曰绤，引申为葛服。

② 劳辱：指劳苦之事。

【13】鲁大夫公父文伯退朝，朝其母。其母方绩，文伯曰："以歜之家而主犹绩乎？惧干季孙之怒也，其以歜为不能事主乎！"母叹曰："鲁其亡乎！使僮子备官，而未之闻耶？王后亲织玄纮，公侯之夫人加之以纮綖。卿之内子为大带，命妇成祭服，列士之妻加之以朝衣，自庶士以下皆衣其夫。社而赋事，烝而献功，男女效绩，愆则有辟，古之制也。今我寡也，尔又在下位，朝夕处事，犹恐忘先人之业，况有怠惰，其何以避辟！吾冀而朝夕修我曰：'必无废先人。'尔今曰：'胡不自安？'以是承君之官，余惧穆伯之绝嗣也。"

/

鲁国的大夫公父文伯退朝后，去拜见母亲。母亲正在织布，文伯说："像我公父歜这样的家庭，您还用得着亲自纺织吗？您这样做会让季孙不高兴的，人家会认为我不孝顺长辈！"母亲听了他的话，叹了口气说："鲁国难道要灭亡了吗？让你这样不懂事的孩子在朝为官，却连这个道理都没听过吗？王后都要亲自做帽子上的装饰物玄纮，公侯的夫人再为它加上纮綖。卿的妻子要制作缙带，大夫的妻子要做祭服，众士的妻子要制作朝服，从庶士到一般百姓，都要做衣服给丈夫穿。春天秋天祭祀土神的时候，人人都要忙碌，冬天祭祀的时候，也要有所贡献。不论男女，都要为国效劳，延误时间或做错事，都要受到处罚，这是古代就有的制度。现在我守了寡，你又仅是个大夫，我们兢兢业业，还怕不能承继先人之志，如果再懈怠懒惰，能靠什么躲避罪责呢！我希望你一早一晚提醒我说：'一定不要废弃先人的业绩。'你现在却说为什么要这么辛苦，你以这样的认识和态度来担当国君任命的官职，我担心你父亲要断绝后代了。

【14】汉明德马皇后，自为衣裾，手皆裂。皇后犹尔，况他人乎？曹大家《女戒》曰："晚寝早作，勿惮凤夜，执务私事，不辞剧易。所作必成，手迹整理，是谓勤也。"若此，可谓能勤劳矣。

今译

汉代明德马皇后，自己制作衣服，手都冻裂了。皇后都能这样勤劳，何况一般人呢？曹大家《女戒》说："做人的妻子，晚睡早起，不分昼夜，处理家事，不挑拣难易。所做的事情都能成功，亲手整理家务，这就是辛勤。"像这样可以说是勤劳了。

【15】为人妻者，非徒备此六德而已。又当辅佐君子，成其令名。是以《卷耳》求贤审官，《殷其雷》劝以义，《汝坟》勉之以正，《鸡鸣》警戒相成，此皆内助之功也，自涂山至于太姒，其徽风著于经典，无以尚之。周宣王姜后，齐女也。宣王尝晏起，后脱簪珥，待罪永巷，使其傅母通言于王曰："妾之淫心见矣，至使君王失礼而晏朝，以见君王乐色而忘德也，敢请婢子之罪。"王曰："寡人不德，实自生过，非后之罪也。"遂复姜后而勤于政事，早朝晏退，卒成中兴之名。故鸡鸣乐师击鼓以告旦，后夫人必鸣佩而去君所，礼也。

为人之妻，并非只需要具备六种品德就可以了，妻子还应当辅佐丈夫，让他功成名就。所以《卷耳》劝谏丈夫访求贤能，审察官吏，《殷其雷》用义来劝戒丈夫，《汝坟》勉励丈夫做人要正直，《鸡鸣》警戒相成，这些都是贤内助的功劳。从涂山到太姒，她们的功绩载入史籍，无人能比。周宣王姜后是个齐国女子，宣王有一次起床晚了，姜后就取下金簪珥环，待罪于后宫，派她的保姆传话给宣王说："因为我显露淫心，使得君王失礼晚朝，出现了好色忘德的过失，请求君王惩罚我吧。"宣王说："寡人无德，是自己有错，并非皇后的过错。"宣王不治姜后的罪，自己从此勤于政事，早上朝晚退朝，终于成就了国家中兴的繁荣。所以鸡鸣时乐师击鼓来告诉人们天亮了，皇后必须佩戴鸣佩离开国君的住所，这是古礼。

【16】齐桓公好淫乐，卫姬为之不听。楚庄王初即位，狩猎毕弋，樊姬谏，不止，乃不食鸟兽之肉。三年，王勤于政事不倦。

| 今译 |

齐桓公喜好淫乐，卫姬为了纠正桓公的过失，坚决不听。楚庄王刚即位的时

候，非常喜欢打猎，樊姬劝谏，他不听，于是樊姬就不再吃鸟兽的肉，用这种方法来劝谏。三年之后，楚庄王终于能够勤于政事，而且不知疲倦。

【17】晋文公避骊姬之难，适齐。齐桓公妻之，有马二十乘，公子安之。从者以为不可，将行，谋于桑下，蚕妾在其上，以告姜氏。姜氏杀之，而谓公子曰："子有四方之志？其闻之者，吾杀之矣！"公子曰："无之。"姜曰："行也，怀与安，实败名。公子不可。"姜与子犯谋，醉而遣之，卒成霸功。

| 今译 |

晋文公避骊姬之难，到了齐国。齐桓公把姜氏嫁给他为妻，并给他二十乘车马作为嫁妆。晋文公竟然安享富贵，不打算复国了。跟随他的人认为文公不能就这样消沉下去，暗暗打算要离开这里，他们在桑下密谋，养蚕女刚好在旁边听到了，就告诉了姜氏。姜氏杀掉养蚕女，然后对晋文公说："你有远大的志向，将要离开这里吗？窃听到你们的机密的人，我已经把她杀死了。"晋文公说："没有这回事。"姜氏说："你还是赶快走吧，不能舍弃儿女私情，贪图安逸，会毁掉你的大事的。公子不能这样做。"晋文公还是不愿放弃安逸的生活，姜氏就与子犯合谋，用酒将他灌醉，然后把他扶上车子拉走。这样晋文公最后才得以回国即

位，成就了一代霸主的功业。

【18】陶大夫答子治陶，名誉不兴，家富三倍。妻数谏之，答子不用。居五年，从车百乘归休，宗人击牛而贺之，其妻独抱儿而泣。姑怒而数[①]之曰："吾子治陶五年，从车百乘归休，宗人击牛而贺之。妇独抱儿而泣，何其不祥也！"妇曰："夫人能薄而官大，是谓婴害；无功而家昌，是谓积殃。昔令尹子文之治国也，家贫而国富，君敬之，民戴之，故福结于子孙，名垂于后世。今夫子则不然，贪富务大，不顾后害，逢祸必矣！愿与少子俱脱。"姑怒，遂弃之。处期年，答子之家果以盗诛，唯其母以老免，妇乃与少子归养姑，终卒天年。

| 今译 |

/

陶大夫答子治理陶地的时候，名声不好，但家里却非常富裕。妻子几次劝谏他，他都不听。过了五年，他带着车马百乘回家，本宗族的人杀牛为他庆贺。唯独他的妻子抱着孩儿在一边哭泣。婆婆愤怒地责备她说："我儿治理陶地五年，带着车马百乘归来，族中人杀牛为他庆贺。你却抱着孩子哭泣，多么不吉祥呀！"

儿媳妇说："一个人没有能力却做了大官，就会招来灾祸；做官没有政绩而家里富裕，可以说是在积累祸患。先前令尹子文治理国家，家中贫穷，而国家富裕，皇帝敬重他，百姓爱戴他，因此福遗子孙，名留后世。如今我的丈夫却不是这样，贪求富贵喜好虚名，而不顾后患，必定要招来祸患。我愿与孩子一起离去。"婆婆大怒，将儿媳赶出家门。一年之后，因为答子贪污财物，全家人都被杀了，唯独答子的母亲因年老免于一死。这时，答子的妻子带着小孩回家赡养婆婆，为婆婆养老送终。

| 简注 |

/

① 数：数落、责备。

| 实践要点 |

/

答子的妻子是一个贤妻。为官当清廉，家风才会好，家道才会昌盛。她很早就看到答子治政的行为，必将给自己的家族带来杀身之祸。数次劝谏丈夫不听，婆婆又将她赶出了家门。后面果然应验了她的讲法，全家都招来了横祸，只有答子的母亲因为年迈逃过一死。答子的妻子竟也不计前嫌，带着小孩回来照顾婆婆，为婆婆养老送终。真乃德之大者，至纯至厚！

【19】楚王闻于陵子终贤，欲以为相。使使者持金百镒，往聘迎之。于陵子终入谓其妻曰："楚王欲以我为相，我今日为相，明日结驷连骑，食方丈于前，子意可乎？"妻曰"夫子织屦以为食，业本辱而无忧者，何也？非与物无治乎，左琴右书，乐在其中矣！夫结驷连骑，所安不过容膝；食方丈于前，所饱不过一肉。以容膝之安、一肉之味而怀楚国之忧，其可乎？乱世多害，吾恐先生之不保命也。"于是，子终出谢使者而不许也。遂相与逃而为人灌园。

楚王听说于陵子终很有才德，就想委任他为宰相。楚王派使者带着百镒黄金去聘请于陵子终。于陵子终回家对妻子说："楚王想让我担任宰相，我今天当了宰相，明天就坐着豪华的车子，前呼后拥，顿顿吃丰盛的宴席，你认为这样可以吗？"妻子说："你现在以编织鞋为生，工作虽然不怎么样，但是无忧无虑，这是为什么呢？就是因为你远离是非财货，读书弹琴，自得其乐。一个人即便拥有再多的车马，他也只不过需要很小的一块地方容身；宴席再丰盛，也只不过吃一点肉就饱了。你为得到一点安身之地和一顿饭的好处，竟要负担整个楚国的忧患和烦恼，值得吗？而且乱世多祸，你如果要接受任命，我害怕你连命都保不住。"于是，于陵子终出来谢绝了楚王的使者，没有接受聘任。他们一起出逃，以替别人种菜为生。

【20】汉明德马皇后，数规谏明帝，辞意款备。时楚狱连年不断，囚相证引，坐系者甚众。后虑其多滥，乘间言及，帝恻然感悟，夜起彷徨，为思所纳，卒多有降宥。时诸将奏事及公卿较议难平者，帝数以试后。后辄分解趣理，各得其情。每于侍执之际，辄言及政事，多所毗补，而未尝以家私干。

| 今译 |

汉代明德马皇后，屡次规谏明帝，言辞恳切，考虑周到。当时，冤狱连年不断，囚犯们相互牵连，受到法律惩罚的人非常多。马皇后担心用刑过多过滥，便找机会向明帝提起这件事，皇上也感到这件事很重要，并对那些遭受冤狱的人动了恻隐之心。他晚上睡不着觉，起来散步，思考马皇后的建议并加以采纳，最终有许多被冤枉或犯罪较轻的人得到了赦免。当时，将领们所奏的事和公卿们的一些难以决断的议论，明帝就请马皇后来决断，以此来考察她处理事情的能力。马皇后每次都能合情合理地分析和处理。她常常利用侍奉明帝的机会，来谈她对国

家大事的看法，对国事处理提出许多有用的意见。然而她从来没有因为家里的私事来向皇上请托。

【21】河南乐羊子尝行路，得遗金一饼，还，以与妻。妻曰："妾闻志士不饮盗泉之水，廉者不受嗟来之食，况拾遗求利，不污其行乎？"羊子大惭，乃捐金于野，而远寻师学。一年来归，妻跪问其故。羊子曰："久行怀思，无它异也。"妻乃引刀趋机而言曰："此织生自蚕茧，成于机杼，一丝而累，以至于寸，累寸不已，遂成丈匹。今若断斯织也，则绢失成功，稽废时月。夫子积学，当日知其所亡，以就懿德。若中道而归，何异断斯织乎？"羊子感其言，复还终业，遂七年不反。妻常躬勤养姑，又远馈羊子。

| 今译 |

/

　　河南乐羊子有一次在路上拾到一饼金子，回家把金子交给妻子。妻子说："我听说有志气的人不喝盗泉的水，有骨气的人不吃嗟来之食，何况你靠拣东西求利，难道不怕玷污了你的品行吗？"羊子非常惭愧，就把金子扔到了野外。后来他到外地拜师求学，一年之后羊子回来，妻子跪着问他为什么要回来。羊子说："我出去太久了，有点想家，没什么别的原因。"妻子就拿了把刀走到织机前，对羊子说："蚕茧抽丝，机杼织布，用一根根丝线织成一寸一寸的布，慢慢积累才能成了一丈布、一匹布。如果现在把它砍断，不但这匹绢织没有了，而且还荒废时间。你去求学，也是在积累知识，应当每天了解你所不懂的新知识，努力修成懿德美行。如果中途辍学回家，这个结果与剪断这匹布有何不同呢？"羊子听了妻子的话非常感动，又回去继续学习，此后七年没有再回家。妻子在家辛勤劳动，赡养婆婆，还供给羊子求学所需的钱物。

【22】吴许升少为博徒，不治操行。妻吕荣尝躬勤家业，以奉养其姑。数劝升修学，每有不善，辄流涕进规。荣父积怨疾升，乃呼荣，欲改嫁之。荣叹曰："命之所遭，义无离二。"终不肯归。升感激自励，乃寻师远学，遂以成名。

| 今译 |

吴国许升年轻的时候是个赌徒，不注意节操品行。他的妻子吕荣辛勤操持家业，侍奉婆婆。妻子多次劝告许升读书学习，每当许升有不好的行为时，她就泪流满面进行劝告。吕荣的父亲非常痛恨许升，他要将吕荣叫回家，让她改嫁。吕荣叹息道："命运既然给我安排了这样的丈夫，我必须忠贞如一，不再改嫁。"吕

荣始终不肯回家改嫁。许升非常感激，从此奋发向上，外出拜师求学，后来一举成名。

【23】唐文德长孙皇后崩，太宗谓近臣曰："后在宫中，每能规谏，今不复闻善言，内失一良佐，以此令人哀耳！"此皆以道辅佐君子者也。

| 今译 |

　　唐朝文德长孙皇后去世，太宗对近臣说："皇后在宫中的时候，常常规劝我，现在我再也听不到她的良言，失去了一个很好的助手，这让我很觉悲哀。"这些事例都是为人之妻能够用道义来辅佐丈夫成就事业的典范。

【24】汉长安大昌里人妻，其夫有仇人，欲报其夫而无道径。闻其妻之孝有义，乃劫其妻之父，使要其女为中，谲父呼其女告之。女计念，不听之，则杀父，不孝；听之，则杀夫，不义。不孝不义，虽生不可以行于世。欲以身当之，乃且许诺曰："旦日在楼新沐，东首卧则是

矣！妾请开牖户待之。"还其家，乃谲其夫，使卧他所。因自沐，居楼上东首，开牖户而卧。夜半，仇家果至，断头持去，明而视之，乃其妻首也。仇人哀痛之，以为有义，遂释，不杀其夫。

| 今译 |

汉朝长安大昌里某人的妻子，她的丈夫有个仇人，那个仇人想报复她的丈夫却没有办法。仇人听说她非常孝敬父母，就劫持了她的父亲，以此来要挟她共同谋害自己的丈夫，并且假托她父亲，要她说出丈夫的处所。她心里想，如果不听仇人的话，父亲就要被杀，这是不孝顺；如果顺从仇人，丈夫就会被杀，这是没有仁义。既不孝顺又不仁义，即使活着也没脸见他人了。最后她决定自己替丈夫去死，于是就许诺那个仇人说："我们明天在楼上沐浴，头朝东而睡的那个人就是我的丈夫，我打开窗户等你。"回到家，她就骗自己的丈夫，让他睡到别的地方。她自己洗了澡，在楼上头朝东而睡，而且打开了窗户。半夜，仇人果然来了，砍下她的头拿走，等到天亮一看，原来是仇人的妻子的头。仇人非常哀痛，认为这个女人很讲情义，就放过了她的丈夫。

【25】光启中，杨行密围秦彦、毕师铎，扬州城中食尽，人相食，军士掠人而卖其肉。有洪州商人周迪夫妇同在城中，迪馁且死，其妻曰："今饥穷势不两全，君有老母，不可以不归，愿鬻妾于屠肆，以济君行道之资。"遂诣屠肆自鬻，得白金十两以授迪，号泣而别。迪至城门，以其半赂守者，求去。守者诘之，迪以实对。守者不之信，与共诣屠肆验之，见其首已在案上。众聚观，莫不叹息，竟以金帛遗之。迪收其余骸，负之而归。古之节妇，有以死徇其夫者，况敢庸奴其夫乎？

今译

光启年间，杨行密围住了秦彦、毕师铎的军队，扬州城中食物殆尽，出现人吃人的情况，军士抢掠百姓而卖人肉。有洪州商人周迪夫妇同在城中，周迪快饿死了，他的妻子说："现在我们又饥又穷，两人不可能都活下来。你有老母，不可以不回去，希望把我卖到肉铺，用来资助你回家。"于是到肉铺把自己卖掉，得到白金十两交给周迪，哭泣离开。周迪到了城门，拿出一半金子贿赂看守，请求离开。看守诘问他，他把实情告诉看守。看守不信，和他一起到肉铺查验，看到周迪妻子的首级已在案上。众人聚集观看，莫不叹息，争先拿金帛给周迪。周迪收起了妻子余骸，背着回家了。古代的贞节妇人，有以死殉夫的，哪里敢鄙夷自己的丈夫呢？

卷十　舅甥　舅姑　妇　妾　乳母

【1】秦康公之母，晋献公之女。文公遭骊姬之难，未反而秦姬卒。穆公纳文公。康公时为太子，赠送文公于渭之阳，念母之不见也，曰："我见舅氏，如母存焉！"故作渭阳之诗。

今译

秦康公的母亲是晋献公的女儿。文公遭遇骊姬之难，还没有回国，秦姬就死了。穆公收留了文公。当时康公是太子，把舅舅文公送到渭阳，他想到母亲已经死了，就说："我见到了舅舅，就好像看见了我的母亲一样。"因此写了渭阳之诗。

【2】汉魏郡霍谞，有人诬谮舅宋光于大将军梁商者，以为妄刊文章，坐系洛阳诏狱，掠考困极。谞时年十五，奏记于商，为光讼冤，辞理明切。商高谞才志，即为奏，原先罪，由是显名。

东汉魏郡有个人叫霍谞。有人在大将军梁商那里诬告霍谞的舅舅宋光，宋光以乱写文章的罪，被关进洛阳监狱。严刑拷打之下，困苦不堪。当时霍谞只有十五岁，就上书梁商，为舅舅喊冤，言辞恳切、意思明白。梁商器重霍谞有才能、有志气，便向皇帝呈奏这件事情，皇帝宽恕了宋光的罪过，霍谞也因此出了名。

【3】晋司空郗鉴，颊边贮饭以活外甥周翼。鉴薨，翼为剡令，解职而归，席苫心丧三年。此皆舅甥之有恩者也。

| 今译 |

晋司空郗鉴在饥荒年月，靠嘴里含一口饭来救活外甥周翼。郗鉴去世时，周翼正担任剡县县令，他辞官回家，为舅舅服丧三年。这些都是舅甥之间有恩情的典范。

【4】晏子称："姑慈而从，妇听而婉，礼之善物也。"

晏子说："婆婆慈祥又宽容，媳妇听话又温婉，这是礼法中最好的表现。"

【5】《礼》："子妇有勤劳之事，虽甚爱之，姑纵之而宁数休之。子妇未孝未敬，勿庸疾怨，姑教之。若不可教，而后怒之；不可怒，子放妇出而不表礼焉。"

《礼记》说："婆婆虽然疼爱儿媳，但还是要让她去辛勤劳作，不能舍不得不让她干活，实在不得已，可以让她在干活的时候多休息几次，不要累坏了身体。儿媳妇不孝敬公婆，公婆不要生气，也不要怨恨，先教育她。如果教育不听，然后再训斥她。训斥也不起作用，就让儿子休掉她，但不向外表明她有什么失礼的地方。"

【6】季康子问于公父文伯之母曰："主亦有以语肥也?"对曰："吾闻之先姑曰：'君子能劳，后世有继。'"子夏闻之，曰："善哉！商闻之曰：'古之嫁者，不及舅姑，谓之不幸。'夫妇，学于舅姑者，礼也。"

季康子问公父文伯的母亲："您有什么话要告诉我吗？"回答说："我听我婆婆说君子如果能任劳任怨，子孙后代就会兴旺发达。"子夏听后说："对啊！商曾经听说古代女子出嫁，如果没有公婆，就是不幸。所以，儿媳妇必须向公婆学习做人的道理，这是礼法所规定的。"

【7】唐礼部尚书王珪子敬直，尚南平公主。礼有妇见舅姑之仪，自近代，公主出降，此礼皆废。珪曰："今主上钦明，动循法制，吾受公主谒见，岂为身荣，所以成国家之美耳！"遂与其妻就席而坐，令公主亲执笲，行盥馈之道，礼成而退。是后，公主下降，有舅姑者，皆备妇礼，自珪始也。

唐代礼部尚书王珪的儿子王敬直，娶南平公主为妻。礼法中本来有媳妇拜见公婆的仪式，可是到了后来，公主出嫁后拜见公婆的礼节就被废除了。王敬直与南平公主结婚时，王珪说："如今皇上英明，所有的事都依据法律，我接受公主的拜谒，并不是为了自己的虚荣，而是要成全国家的美德。"于是王珪就和妻子坐着，让公主手拿着竹器，履行盥洗和献饭等拜见公婆的仪式，公主行礼完毕后才退下。此后，公主出嫁，只要公婆健在，还要行拜见公婆的礼仪，这个礼仪的施行始于王珪。

【8】《内则》："妇事舅姑，与子事父母略同。舅没则姑老，冢妇^①所祭祀宾客，每事必请于姑，介妇^②请于冢妇。舅姑使冢妇，毋怠、不友、无礼于介妇。舅姑若使介妇，无敢敌耦于冢妇，不敢并行，不敢并命，不敢并坐。凡妇不命适私室，不敢退。妇将有事，大小必请于舅姑。子妇无私货，无私蓄，无私器，不敢私假，不敢私与。妇或赐之饮食、衣服、布帛、佩帨、茝兰，则受而献诸舅姑。舅姑受之则喜，如新受赐。若反赐之，则辞。不得命，如更受赐，藏以待乏。妇若有私亲兄弟，将与之，则必复请其故，赐而后与之。"

| 今译 |

《礼记·内则》说："媳妇侍奉公婆，跟儿子侍奉父母基本相同。公公去世，婆婆年纪大了之后，婆婆不再管理家事。接管家政的长子媳妇，不论是举行祭祀，还是招待宾客，大小事情都要向婆婆请示，介妇又要向长子媳妇请示。公婆

教育长子媳妇不能怠慢介妇，不能对介妇无礼、不友好。公婆差使介妇，介妇更不能骄横，也不可以和长子媳妇相比，不能并排一起走，不能像她一样向别人发号施令，也不能和她坐在一起。婆婆没有叫媳妇回房，媳妇不能回房休息。媳妇如果有私事，不论大事小情，都要向公婆禀报。媳妇不能有自己的钱财、积蓄、器物，不能私下把东西借给人，也不能私自把家里的东西送给别人。有人送给媳妇饮食、衣服、布帛、佩帨、香草等东西，媳妇接受后就要交给公婆。公婆得到后很高兴，如同自己得到了馈赠一样。如果公婆把那些东西再送给媳妇，媳妇就要拒绝接受。实在推辞不掉，就要像重新接受公婆赐物一样，将它收藏起来，留待缺乏时再拿出来用。媳妇如果有亲戚、兄弟，想把这些礼物送给亲戚、兄弟，一定要重新请示公婆，公婆再次赏赐自己之后，才能送给他们。"

| 简注 |

① 冢妇：嫡长子的正妻。

② 介妇：除长子外其他儿子的妻子。

【9】曹大家《女戒》曰："舅姑之意岂可失哉？固莫尚于曲从矣！姑云不尔而是，固宜从命；姑云尔而非，犹宜顺命。勿得违戾是非，争分曲直，此则所谓曲从矣。故《女宪》曰：'妇如影响，焉不可赏？'"

/

曹大家《女戒》说："公婆的心怎么可以失去呢？所以最好的办法就是去顺从！婆婆说不要这样做，如果说对了，这本来就应该听从；婆婆说这样做，如果说错了，也应该听从。不要和公婆争辩是非曲直，只能一味地顺从，这就是所谓的曲从。所以《女宪》说：'媳妇如果能够顺从公婆，怎么不可以奖赏她呢？'"

【10】汉广汉姜诗妻，同郡庞盛之女也。诗事母至孝，妻奉顺尤笃，母好饮江水，去舍六七里，妻常沂流而汲。后值风，不时得还，母渴，诗责而遣之。妻乃寄止邻舍，昼夜纺绩，市珍羞，使邻母以意自遗其姑。如是者久之。姑怪问邻母，邻母具对。姑感惭呼还，恩养愈谨。其子后因远汲溺死，妻恐姑哀伤，不敢言，而托以行学不在。

| 今译 |

/

东汉广汉人姜诗的妻子，是同郡庞盛的女儿。姜诗侍奉母亲非常孝顺，妻子侍奉婆婆尤其温顺。姜母喜欢喝江水，但那条江离家有六七里远，姜诗妻子常常去打江水。有一次姜妻去打水，遇到大风，没有按时回来。姜母口渴，姜诗责备妻子并将她赶出家门。姜妻便寄居在附近的一户人家家里，昼夜纺纱织布，用挣来的钱购买珍馐美味，让邻居老太太以她自己的名义送给婆婆。这样持续了很长时间，婆婆感到奇怪，就询问邻居老太太到底是怎么回事，邻居老太太如实相告。婆婆听后非常感动，而且觉得对不住她，就把姜妻接回了家。此后，姜妻赡养婆婆更加恭谨。后来姜诗因为到远处打水被水淹死，姜妻担心婆婆为此哀伤，就不敢说出真情，谎称他到外边求学去了。

【11】河南乐羊子，从学七年不反，妻常躬勤养姑。尝有它舍鸡谬入园中，姑盗杀而食之。妻对鸡不餐而泣。姑怪，问其故。妻曰："自伤居贫，使食它肉。"姑竟弃之。然则舅姑有过，妇亦可几谏也。

| 今译 |

河南乐羊子，到外边求学，七年不回家，妻子在家辛勤地赡养婆婆。有一次别人家的一只鸡误入她家的园中，婆婆悄悄把它杀掉炖了吃。乐羊子的妻子知道后不吃鸡肉，反而哭泣。婆婆感到奇怪，问她为什么这样。她说："我惭愧家里贫穷，让您要吃别人的鸡肉。"婆婆听后就将鸡丢弃了。其实公婆如果有过错，媳妇也是可以劝谏的。

【12】后魏乐部郎胡长命妻张氏，事姑王氏甚谨。太安中，京师禁酒，张以姑老且患，私为酝之，为有司所纠。王氏诣曹，自首由己私酿。张氏曰："姑老抱患，张主家事，姑不知酿。"主司不知所处。平原王陆丽以状奏，文成义而赦之。

后魏乐部郎胡长命的妻子张氏，侍奉婆婆王氏非常恭谨。太安年间，京师规定不准卖酒。张氏因为婆婆上年纪了，而且有病，就悄悄在家里为婆婆酿酒，结果被官府抓获。婆婆王氏亲自到官府，说酒是她自己酿的，与媳妇没关系。可媳妇张氏却说："我婆婆年老有病，是我主持家事，婆婆根本就不知道这件事。"断案的人竟然不知该怎么处置。平原王陆丽将这件事写成奏章上奏，文成帝为她们婆媳之间的恩义之举所感动，就赦免了她们。

【13】唐郑义宗妻庐氏，略涉书史，事舅姑甚得妇道。尝夜有强盗数十人，持杖鼓噪，逾垣而入。家人悉奔窜，唯有姑独在堂。庐冒白刃，往至姑侧，为贼捶击，

几至于死。贼去后,家人问,何独不惧?庐氏曰:"人所以异禽兽者,以其有仁义也。邻里有急,尚相赴救,况在于姑而可委弃?若万一危祸,岂宜独生!"其姑每云:"古人称,岁寒然后知松柏之后凋也,吾今乃知庐新妇之心矣!"若庐氏者,可谓能知义矣。

唐代郑义宗的妻子庐氏,略通书史,她侍奉公婆,很符合妇道。有一天黑夜,几十名强盗手持棍棒,喊叫着翻墙而入。家里人都逃走了,只有婆婆一人在厅堂。庐氏冒着强盗的刀剑,跑到婆婆身边,差点被贼寇打死。强盗退走,家人问庐氏为什么不怕?庐氏回答说:"人之所以不同于禽兽,是因为人懂得仁义道德。邻居家如果有危急情况,我们尚且能够相救,况且这是自己的婆婆,怎么能丢下不管呢?如果她遭了什么祸患,我有什么脸面活下去呢?"她的婆婆常称赞说:"古人说岁寒然后知松柏后凋,我现在知道媳妇庐氏对我的孝心了!"像庐氏这样的媳妇,可以称得上是知道礼义了。

【14】《诗》:"何彼秾矣,美王姬也。虽则王姬,亦下嫁于诸侯,车服不系其夫,下王后一等,犹执妇道,以成肃雍之德。"

《毛诗》说:"《何彼秾矣》这首诗,是赞美周王的女儿王姬的品德。她虽然是王姬,却下嫁给诸侯。她的车子和衣服都不以尊贵来压她的夫家,而是比王后低一个等级。她是周王的女儿,仍然严守妇道,成全恭敬和顺的美德。"

【15】舜妻,尧之二女。行妇道于虞氏。

舜的妻子是尧的两个女儿。她们侍奉舜的家人,严格遵守妇道。

【16】唐岐阳公主，宪宗之嫡女，穆宗之母妹，母懿安郭皇后，尚父子仪之孙也。适工部尚书杜悰，逮事舅姑。杜氏大族，其他宜为妇礼者，不翅数千人。主卑委怡烦，奉上抚下，终日惕惕，屏息拜起，一同家人礼。度二十余年，人未尝以丝发间指为贵骄。承奉大族，时岁献馈，吉凶赙助，必经亲手。姑凉国太夫人寝疾，比丧及葬，主奉养，蚤夜不解带，亲自尝药，粥饭不经心手，一不以进。既而哭泣哀号，感动它人。彼天子之女，犹不敢失妇道，奈何臣民之女，乃敢恃其贵富以骄其舅姑？为妇若此，为夫者宜弃之，为有司者治其罪可也。

| 今译 |

/

唐代岐阳公主是唐宪宗的嫡长女，唐穆宗的同母妹妹。她的母亲懿安郭皇后，是郭子仪的孙女。岐阳公主嫁给工部尚书杜悰，就开始侍奉公婆。杜家是个大家族，除了公婆，媳妇应该对其他人行妇礼的还有几千人。公主谦卑怡顺，侍奉公婆，爱抚后代，整天忙忙碌碌，施行各种礼仪，与家里其他成员一样。她在杜家二十多年，人们没有指责过她一丝一毫的娇贵。她侍奉大家族，无论祭祀，还是操办红白喜事，都要亲自动手。婆婆凉国太夫人从卧病在床到去世，公主亲自侍奉，昼夜衣不解带，亲自为婆婆端汤送药。粥饭如果不经过她的手，就不能进奉。等到婆婆死后，她痛哭流涕，非常令人感动。公主是皇帝的女儿，尚且不敢不守为妇之道，何况臣民的女儿，怎么敢凭借富贵而怠慢公婆呢？为人媳妇如果这样不懂礼，丈夫就应该将她抛弃，让有关部门治她的罪。

【17】《内则》："虽婢妾，衣服饮食必后长者。"

《礼记·内则》说："即使是奴婢和妾，也要遵守礼法，饮食起居都要先礼让长辈。"

【18】妾事女君，犹臣事君也。尊卑殊绝，礼节宜明。是以"绿衣黄裳"，诗人所刺；慎夫人与窦后同席，袁盎引而却之；董宏请尊丁傅，师丹劾奏其罪。皆所以防微杜渐，抑祸乱之原也。或者主母屈己以下之，犹当贬抑退避，谨守其分，况敢挟其主父与子之势，陵慢其女君乎？

今译

　　妾侍奉嫡妻，和臣下侍奉君主是一个道理。她们的尊卑不同，礼节也要区别分明。所以"绿衣黄裳"是诗人所要讽刺的；慎夫人与窦后同席而坐的时候，袁盎把慎夫人的座席向后拉退了一些；董宏请尊丁傅两族，师丹就向皇上弹劾他的罪责。这都是为了防微杜渐，不让祸乱在微小的地方萌生。即便有的嫡妻主母要主动降低自己的身份，也应当谦虚退让，谨守自己的本分。怎么能依仗主父和儿子的势力，欺凌和慢待正室呢？

【19】卫宗二顺者，卫宗室灵王之夫人及其傅妾也。秦灭卫君，乃封灵王世家，使奉其祀。灵王死，夫人无子而守寡，傅妾有子代后。傅妾事夫人，八年不衰，供养愈谨。夫人谓傅妾曰："孺子养我甚谨，子奉祀而妾事我，我不愿也。且吾闻，主君之母不妾事人，今我无子，于礼斥绌之人也，而得留以尽节，是我幸也。今又烦孺子不改故节，我甚内惭！吾愿出居外，以时相见，我甚便之。"傅妾泣而对曰："夫人欲使灵氏受三不祥耶？公不幸早终，是一不祥也；夫人无子而婢妾有子，是二不祥也；夫人欲居外，使婢妾居内，是三不祥也。妾闻忠臣事君，无时懈倦；孝子养亲，患无日也。妾岂敢以少

贵之故，变妾之节哉？供养，固妾之职也，夫人又何勤乎？"夫人曰："无子之人，而辱主君之母，虽子歇尔，众人谓我不知礼也。吾终愿居外而已。"傅妾退而谓其子曰："吾闻君子处顺，奉上下之仪，修先古之礼，此顺道也。今夫人难我，将欲居外，使我处内，逆也。处逆而生，岂若守顺而死哉？"遂欲自杀。其子泣而守之，不听。夫人闻之，惧，遂许傅妾留，终年供养不衰。

卫宗二顺是卫国宗室灵王的夫人和他的傅妾。秦国灭掉卫国国君后，封卫国宗室的灵王，让他继承卫君宗族的香火。灵王去世后，他的夫人守寡，又没有儿子，但他的傅妾有儿子，为灵王传宗接代。傅妾侍奉夫人整整八年毫不懈怠，而且供养更加谨慎。夫人对傅妾说："你侍奉我非常恭谨，你为灵王延续了香火，还要以妾的身份来侍奉我，我不愿意这样。现在你的儿子是我们家的主君，我听说主君的母亲不能以妾的身份去侍奉人，我没有给灵王留下子嗣，按照礼法是应当被冷落废黜的人，然而还能够留在卫家，已经是我的幸运了。现在又得让你遵守过去的礼节，我的心里很感惭愧！我愿意到外边居住，时间长了我们再互相见个面，我觉得这样我比较心安。"傅妾听后哭着说："夫人你莫非想让灵王家蒙上这三件不好的事情吗？灵王不幸早死，这是第一件不好的事；夫人没有子嗣而奴婢傅妾却有儿子，这是第二件不好的事；夫人想住在外边，反让奴婢傅妾住在家里，这是第三件不好的事。我听说忠臣侍奉君主没有懈怠和厌倦的时候；孝顺的子女供养父母亲，生怕父母亲太早离开人世。我又怎么敢因为身份稍微有点变化就改变节操呢？奉养夫人本来就是我的职责，您哪里用得着多心呢？"夫人说："我是个没有子嗣的人，而有辱主君的母亲，虽然你一片好意，愿意这样侍奉我，但世人还以为我不懂得礼呢，我还是决定要搬到外边去居住。"傅妾出来对他的儿子说："我听说君子应当处顺，行为都要符合礼义，这就叫作顺。现在夫人给我出了一道难题，她要到外边居住，让我住在家里，这是大逆不道。与其顶着大逆不道的罪名活着，还不如遵守礼法去死！"于是她想自杀。她的儿子哭着守在她身边，并规劝她，可是她不听。夫人听说之后，非常害怕，于是答应傅妾留下来。而傅妾还是像以往那样，长年恭谨地奉养夫人，一点也不懈怠。

【20】后唐庄宗不知礼，尊其所生为太后，而以嫡母为太妃。太妃不以愠，太后不敢自尊，二人相好，终始不衰，是亦近世所难。

| 今译 |

后唐的庄宗不懂礼法，将他的生母尊为太后，而封嫡母为太妃。但是太妃并

没有因此而怀恨在心，太后也不敢妄自尊大。两个人自始至终和睦相处，这也是近世一件难能可贵的事。

【21】《内则》："异为孺子室于宫中，择于诸母与可者，必求其宽裕、慈惠、温良、恭敬、慎而寡言者，使为子师，其次为慈母，其次为保母。皆居于室，他人无事不往。"

| 今译 |

《礼记·内则》说："应当为嫡子在宫中另辟一室居住，挑选性情宽厚、仁慈贤惠、温顺贤良、谦恭礼敬、谨慎寡言的人来做嫡子的教师、慈母和保姆。他们和嫡子住在一起，负责嫡子的教育，照顾他的生活，其他人没有事情不能随意进出嫡子的房间。"

【22】鲁孝公义保臧氏。初，孝公父武公与其二子——长子括、中子戏——朝周宣王。宣王立戏为鲁太子。武公薨，戏立，是为懿公。孝公时号公子称，最少。

义保与其子俱入宫养公子称。括之子曰伯御，与鲁人作乱，攻杀懿公而自立，求公子称于宫中，入杀之。义保闻伯御将杀称，衣其子以称之衣，卧于称之处，伯御杀之。义保遂抱称以出，遇称之舅鲁大夫于外。舅问："称死乎？"义保曰："不死，在此。"舅曰："何以得免？"义保曰："以吾子代之。"义保遂抱以逃。十一年，鲁大夫皆知称之在保，于是请周天子杀伯御，立称，为孝公。

┃ 今译 ┃

　　鲁孝公的义保臧氏。最初，孝公的父亲武公与他的两个儿子长子括、次子戏一一朝见周宣王，周宣王立戏为鲁太子。武公死后，戏继位，这就是懿公。当时孝公号为公子称，年龄最小。义保带着儿子进入宫中抚养公子称。括的儿子名叫伯御，和鲁人发动叛乱，杀死懿公自立，又到宫中寻找公子称，想杀死他。义保听说伯御要杀公子称，就把称的衣服穿在自己儿子的身上，让儿子睡在公子称的床上，结果被伯御杀死。义保抱起称逃出宫，在宫外遇到称的舅舅鲁大夫，鲁大夫问："称死了吗？"义保说："称没有死，他在这里。"舅舅问："称是怎么免于一死的？"义保回答说："我用我自己的儿子代替了称。"于是义保抱着称逃了出去。十一年，鲁大夫都知道称在义保那里，就请求周天子杀掉伯御，立称为诸侯，是为孝公。

【23】秦攻魏，破之，杀魏王，诛诸公子，而一公子不得。令魏国曰："得公子者，赐金千镒；匿之者，罪至夷。"公子乳母与公子俱逃。魏之故臣见乳母，识之，曰："乳母固无恙乎？"乳母曰："嗟乎！吾奈公子何。"故臣曰："今公子安在？吾闻秦令曰，有能得公子者，赐金千镒；匿之者，罪至夷！乳母傥知其处乎？而言之，则可以得千金；知而不言，则昆弟无类矣！"乳母曰："吁！我不知公子之处。"故臣曰："我闻公子与乳母俱逃。"曰："吾虽知之，亦终不可以言。"故臣曰："今魏国已破亡，族已灭矣！子匿之，尚谁为乎？"母曰："吁！夫见利而反上者逆，畏死而弃义者乱也。今持逆乱而以求利，吾不为也。且夫凡为人养子者，务生之，非为杀之也，岂可以利赏畏诛之故，废正义而行逆节哉？妾不能生而令公子禽矣！"乳母遂抱公子逃于深泽之中。故臣以告秦军，追见，争射之。乳母以身为公子蔽矢，矢著身者数十，与公子俱死。秦君闻之，贵其能守忠死义，乃以卿礼葬之，祠以太牢，宠其兄为五大夫，赐金百镒。

秦国攻破魏国，杀掉魏王，还杀掉了魏王的几个公子，但是有一个公子没有找到，于是秦国就在魏国传令："有找到公子的人，赏赐一千镒金子；有隐藏公子的人，一经发现就要杀掉他的全族。"幸存的公子与乳母一起逃走了。魏国的一个旧臣看到乳母，认出了她，就说："乳母别来无恙？"乳母说："哎呀，应该怎么样救公子呀？"旧臣说："公子现在在哪里？我听说秦国下了令，谁找到公子，赏赐一千镒金子；谁隐藏公子，就诛灭他全家。乳母知道公子的住处吗？如果说出来，可以得到千镒金子；如果你知道不说出来，你的兄弟就活不成了！"乳母说："哎，我不知道公子在哪里。"旧臣说："我听说公子是和你一起逃走的。"乳母说："我即便知道，也不会说出来。"旧臣说："现在魏国已经灭亡，魏王宗族也被消灭，你隐藏公子，为的是谁呢？"乳母说："唉，见利眼开的人真的是大逆不道，怕死而弃义的人就是乱臣贼子。现在持逆作乱谋求利益，是我不愿意做的，况且替人抚养孩子，为的是让他生存下去，并不是为了杀死他，我怎么能因为求利怕死而抛弃正义呢？我不能为了自己活命就把公子告发出来。"于是，乳母抱着公子逃到深山里面。旧臣将公子的行踪报告给秦军，秦军追上去，争着用箭射死他们。乳母用身体为公子挡箭，身上的箭多达几十支，最后她与公子一起被射死。秦君听说了这件事，非常欣赏乳母竭忠尽义的行为，就下令按照卿的规格埋葬她，而且用太牢祭祀她，还封她的哥哥为五大夫，并赏赐百镒金子。

【24】唐初，王世充之臣独孤武都谋叛归唐，事觉诛死。子师仁始三岁，世充怜其幼，不杀，命禁掌之。其乳母王兰英求自髡钳，入保养师仁，世充许之。兰英鞠育备至。时丧乱凶饥，人多饿死，兰英乞丐捃拾，每有所得，辄归哺师仁，自惟啖土饮水而已。久之，诈为捃拾，窃抱师仁奔长安。高祖嘉其义，下诏曰："师仁乳母王氏，慈惠有闻，抚育无倦，提携遗幼，背逆归朝，宜有褒隆，以锡其号，可封寿永郡君。"

| 今译 |

唐朝初年，王世充的大臣独孤武都密谋叛变，归顺唐朝，事情败露被杀。他的儿子师仁只有三岁，世充可怜他幼小，没有杀他，命令放在宫中抚养。师仁的乳母王兰英请求自己剃去头发，用铁圈束颈，自愿入宫抚养，王世充答应了她。兰英抚养师仁，无微不至。由于战乱和饥荒，很多人饿死了，兰英到处乞讨、捡拾，只要得到一点吃的，就拿回去给师仁吃，而她自己只是吃点土、喝点水而已。过了很长时间，她谎称去捡拾谷子，却偷偷抱着师仁跑到长安。唐高祖嘉奖她的仁义，下诏说："师仁的乳母王氏，以慈惠而闻名，抚育别人的遗孤，不知疲倦，而且怀抱遗孤背逆归朝，应该给以褒奖，赐以称号，特册封她为寿永郡君。"

【25】五代汉凤翔节度使侯益入朝，右卫大将军王景崇叛于凤翔，有怨于益，尽杀其家属七十余人。益孙延广尚襁褓，乳母刘氏以己子易之，拖延广而逃，乞食于路，以达大梁，归于益家。呜呼！人无贵贱，顾其为善何如耳！观此乳保，忘身殉义，字人之孤，名流后世，虽古烈士，何以过哉！

| 今译 |

五代后汉凤翔节度使侯益入朝谒见皇上，右卫大将军王景崇在凤翔反叛，他跟侯益有仇，就杀死侯益七十多个家人。侯益的孙子延广还在襁褓之中，乳母刘氏用自己的儿子替换了延广，抱着延广逃跑，沿路乞讨，终于到了大梁，回到侯益的家中。人没有贵贱之分，关键是看他有没有做好事。看这些乳母，舍身取义，替别人抚养孤儿，名传后世，即便是古代那些坚贞不屈的刚强之士，也未必能超过她们啊！

图书在版编目（CIP）数据

温公家范译注 / （宋）司马光著；郭海鹰译注 . —
上海：上海古籍出版社，2020.11
（中华家训导读译注丛书）
ISBN 978-7-5325-9800-7

Ⅰ.①温… Ⅱ.①司… ②郭… Ⅲ.①家庭道德—中
国—宋代 ②《温公家范》—译文 ③《温公家范》—注释
Ⅳ.① B823.1

中国版本图书馆 CIP 数据核字（2020）第 218707 号

温公家范译注

（宋）司马光　著

郭海鹰　译注

出版发行　　上海古籍出版社
地　　址　　上海瑞金二路 272 号
邮政编辑　　200020
网　　址　　www.guji.com.cn
E-mail　　guji1@guji.com.cn
印　　刷　　启东市人民印刷有限公司
开　　本　　890×1240　1/32
印　　张　　13.125
插　　页　　6
字　　数　　282,000
版　　次　　2020 年 11 月第 1 版　2020 年 11 月第 1 次印刷
印　　数　　1—3,100
书　　号　　ISBN 978-7-5325-9800-7/B·1184
定　　价　　59.00 元

如有质量问题，请与承印公司联系